Prüfmaschinen
Mohr & Federhaff A.-G. Mannheim

Enzyklopädie der textilchemischen Technologie

Bearbeitet in Gemeinschaft mit zahlreichen Fachgelehrten und herausgegeben von Professor Dr. **Paul Heermann,** Berlin. Mit 372 Textabbildungen. X, 970 Seiten. 1930. Gebunden RM 70.20

Technologie der Textilveredelung

Von Professor Dr. **Paul Heermann,** Berlin. Zweite, erweiterte Auflage. Mit 204 Textabbildungen und 1 Farbentafel. XII, 656 Seiten. 1926. Gebunden RM 29.70

VERLAG VON JULIUS SPRINGER IN BERLIN

Wirtschaftliche Röntgenprüfung durch MÜLLER-VOLLSCHUTZ-RÖNTGENAPPARAT **Makro 150**

Fordern Sie unverbindlich Angebot!

C. H. F. MÜLLER A.-G. HAMBURG
ZENTRALVERWALTUNG BERLIN Abteilung Material-Untersuchung
BERLIN NW 40, HINDERSINSTRASSE 14

Neue Adresse: Berlin NW 7, Charitéstraße 3.   Fernruf 41 61 61

WISSENSCHAFTLICHE ABHANDLUNGEN
DER DEUTSCHEN MATERIALPRÜFUNGSANSTALTEN

FRÜHER: SONDERHEFTE DER MITTEILUNGEN DER DEUTSCHEN MATERIALPRÜFUNGSANSTALTEN

1. FOLGE   HEFT 4

DIE PRÜFUNG VON TEXTILIEN AUF WASSERDICHTIGKEIT UND WASSERABWEISENDE EIGENSCHAFTEN

EIN BEITRAG ZUR NORMUNG

VON

CHEMIKER A. KLINGELHÖFER, DR. H. MENDRZYK
UND PROF. DR.-ING. H. SOMMER VDI

HAUPTABTEILUNG FASERSTOFFE
DES STAATLICHEN MATERIALPRÜFUNGSAMTS
BERLIN-DAHLEM

MIT 55 ABBILDUNGEN

AUSGEGEBEN AM 10. FEBRUAR 1940

BERLIN
VERLAG VON JULIUS SPRINGER
1940

ISBN 978-3-7091-9720-2   ISBN 978-3-7091-9967-1 (eBook)
DOI 10.1007/978-3-7091-9967-1

INHALT

Seite

Einleitung. Bisheriger Zustand und Zweck der Arbeit . . 3

I. **Begriffsbestimmungen**
   A. Wasserdichtigkeit und wasserabweisende Eigenschaften 3
   B. Grundsätzliche Ableitung der Prüfbedingungen . 4

II. **Übersicht über die bisher üblichen Prüfverfahren**
   A. „Wasserdicht"-Prüfung
      1. Muldenversuch 4
      2. Trichterversuch 5
      3. Wassersäulenversuch 5
      4. Wasserdruckversuch 5
   B. „Wasserabweisend"-Prüfung
      1. Tauchverfahren 5
         a) Netzversuch
         b) Tauchversuch mit Belastung
         c) Tauchversuch nach Becker
         d) Bestimmung des Quellvermögens von Einzelfasern nach DIN DVM 3801
      2. Einzeltropfversuch 5
      3. Beregnungsverfahren 6
         a) Beregnungsversuch nach Bundesmann
         b) Beregnungsversuch nach Franz und Henning
         c) Beregnungsversuch nach Mecheels
         d) Beregnungsversuch nach dem Amtsverfahren

III. **Überprüfung der Verfahren.**
   A. Versuchsmaterial 6
   B. Allgemeine Versuchsbedingungen 7
   C. „Wasserdicht"-Prüfung
      1. Muldenprobe 8
         Einfluß der Erschütterung
         Einfluß der Wassermenge bzw. Wasserfüllhöhe
         Bewertung nach der Wasseraufnahme
         Bewertung nach dem Wasserdurchgang in der Zeiteinheit
      2. Wassersäulenversuch 11
         Einfluß der Wassersäulenhöhe
         Einfluß von Versuchs- und Gewebefehlern
      3. Wasserdruckversuch 13
         Einfluß der Drucksteigerungsgeschwindigkeit
         Einfluß der Prüfflächengröße
         Einfluß der Deformation
         Einfluß der Bewertung nach dem 1. bis 4. durchtretenden Tropfen auf die Streuung der Ergebnisse
   D. „Wasserabweisend"-Prüfung
      1. Tauchverfahren
         a) Eßlinger Tauchverfahren 15
            Einfluß der Spannung bei Garnen
            Einfluß des Abspritzens anhaftenden Wassers
            Einfluß der Tauchdauer
         b) Tauchverfahren nach Becker 17
            Einfluß der Probengröße bei Garnen
            Einfluß der Tauchtiefe
            Einfluß der Tauchdauer
            Einfluß der Tauchgeschwindigkeit
            Einfluß der Schleuderdauer
            Einfluß der Schleudergeschwindigkeit
      2. Einzeltropfversuch 20
         Einfluß der Tropfengröße
         Einfluß der Tropfgeschwindigkeit
         Einfluß der Tropfenfallhöhe

Seite

         Einfluß der Wasserhärte
         Einfluß der Wassertemperatur
         Einfluß des Feuchtigkeitsgehaltes der Proben
         Einfluß der Art der Aufspannung
      3. Beregnungsversuche
         a) Beregnungsversuch nach dem Amtsverfahren 23
            Einfluß der Probengröße
            Einfluß der Vorbehandlung der Proben
            Einfluß des Auftreffwinkels der Tropfen
            Einfluß der Probenspannung und Oberflächenbeschaffenheit
            Einfluß der Beregnungsdauer
            Einfluß der in der Zeiteinheit fallenden Regenmenge
            Einfluß der Art der Entfernung äußerlich anhaftenden Wassers
         b) Beregnungsversuch nach Bundesmann . . 26
            Einfluß der Bewegung und Scheuerung der Proben
            Einfluß der Bewegung während der Beregnung
            Einfluß der Beregnungsdauer
            Bewertung nach der durchgelaufenen Wassermenge
         c) Beregnungsversuch nach Franz und Henning 28
            Einfluß der Beregnungs- und Schleuderdauer
            Einfluß der Spannung der Proben

IV. **Auswertung der Versuchsergebnisse**
   A. Gesetzmäßigkeiten beim Beregnen und Trocknen . 31
      Verlauf der Wasseraufnahme
      Verlauf der Wasserabgabe
      Veränderung der Luftdurchlässigkeit beim Beregnen und Trocknen
   B. Reproduzierbarkeit der Versuchsergebnisse . . . 32
      1. Übereinstimmung mit praktischen Trageversuchen 33
      2. Übereinstimmung gleichzeitig durchgeführter Prüfungen 33
         Einfluß der Probengröße
         Einfluß der Versuchsdauer
         Einfluß der Art der Entfernung anhaftenden Wassers
      3. Übereinstimmung nach längeren Zeiträumen wiederholter Prüfungen . . . 35
      4. Übereinstimmung an verschiedenen Orten durchgeführter Prüfungen . . . 36
   C. Versuch zur Auffindung einer Beziehung zwischen Ergebnissen verschiedener Prüfverfahren durch . 37
      Vergleich der Ergebniswerte selbst,
      Vergleich der „Imprägnierungsgütezahlen", d. i. der Verhältniszahlen zwischen den Ergebnissen von Prüfungen an unimprägnierten und imprägnierten Mustern desselben Gewebes

V. **Beispiele für die Gebrauchswertprüfung von Imprägnierungen**
   Veränderung der Wasserdichtigkeit durch
      Auslaugen der Imprägnierung 38
      mechanische Beanspruchung 38
   Veränderung der wasserabweisenden Eigenschaften durch
      Waschen 39
      Chemisch-Reinigen 39
      Bewettern 39

VI. **Normvorschlag für die Prüfung auf Wasserdichtigkeit und wasserabweisende Eigenschaften von Textilien** . 39

Literaturverzeichnis 41

SIEMENS
MESSTECHNIK

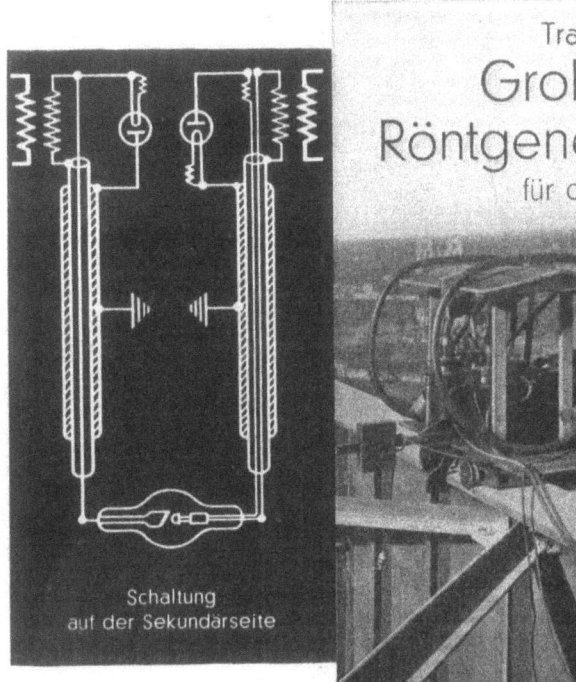

Transportable **Grobstruktur-Röntgeneinrichtungen** für den Stahlbau

zum Untersuchen von Schweißungen und Nietverbindungen an Trägern, Schienen, Bauteilen aller Art. Hochspannungsanlage zerlegbar in mehrere Einzelteile von geringen Abmessungen und niedrigem Gewicht. Leichte Handhabung, vollkommener Hochspannungs- und Strahlenschutz, widerstandsfähige, betriebssichere Bauart.

Schaltung auf der Sekundärseite

Untersuchung von Schweißnähten am Obergurt einer Brücke

SIEMENS & HALSKE AG · WERNERWERK · BERLIN-SIEMENSSTADT

FUESS

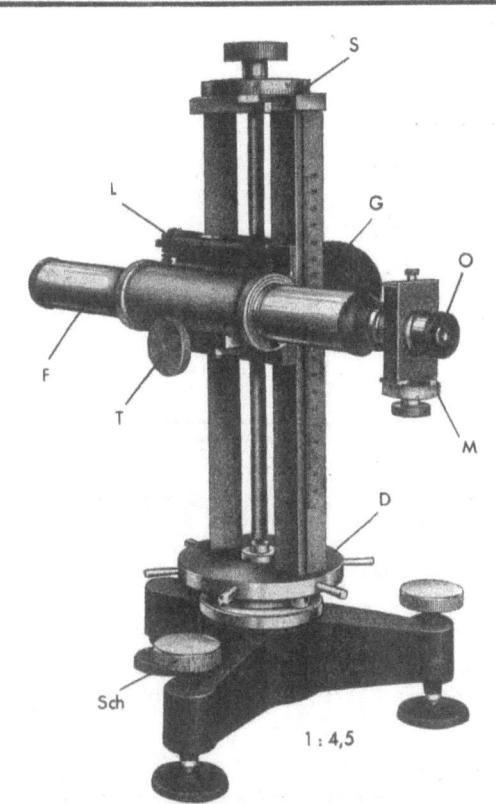

Kathetometer und Ablese-Fernrohre
für Längenmessungen in vertikaler Richtung, bzw. für Messungen mit Fernrohr, Spiegel und Skala

Meß-Mikroskope
für Längenmessungen in horizontaler Richtung im Bereich von 0—20 mm. Ablesung 0,001 mm

Meß-Okulare

Integriervorrichtung „Sigma"
zum Ausplanimetrieren unregelmäßig begrenzter Mikrobilder (z. B. Gefügegrenzen)

R. FUESS · BERLIN-STEGLITZ

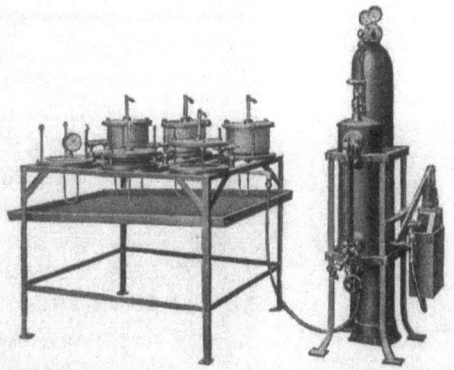

EINLEITUNG

Bisheriger Zustand und Zweck der Arbeit[1]

Für die Prüfung von Geweben oder daraus hergestellten Erzeugnissen auf ihre Fähigkeit, Menschen und Tiere oder feuchtigkeitsempfindliche Waren vor der Einwirkung von Regen zu schützen, ist eine große Zahl von Prüfverfahren bekannt[2].

Noch in den letzten Jahren sind insbesondere durch die vermehrte Anwendung der Imprägnierung für die Bekleidungsstoffe einige neue Vorschläge gemacht worden, die sich indessen mehr mit apparativen Ausgestaltungen an sich bekannter Verfahren befassen, als grundsätzlich neue Wege gehen.

Die Vielzahl der bisher gebräuchlichen Prüfverfahren und das Fehlen eindeutiger Begriffsbestimmungen für die an „Wasserdichtigkeit" und „Wasserabweisende Eigenschaften" zu stellenden Anforderungen haben es dringend notwendig erscheinen lassen, durch eingehende, vergleichende Untersuchungen die Grundlagen für die Vereinheitlichung dieser immer mehr an Bedeutung gewinnenden Prüfung zu schaffen. Mit dieser Aufgabe hat sich das Amt seit 1932 befaßt, um zu einem Vorschlag für die Prüfnormen DIN DVM 3801 zu gelangen.

Bei der Anwendung der Prüfverfahren wird im allgemeinen davon ausgegangen, welchem Zweck die Prüfung dienen soll. Die Beurteilung des Erfolges einer Imprägnierungsbehandlung durch gleichzeitige oder aufeinanderfolgende Prüfung des imprägnierten und des unimprägnierten Stoffes, wie sie für die Hersteller imprägnierter Textilien von Interesse ist, stellt z. B. andere Anforderungen an das Prüfverfahren als die Abnahmeprüfungen von Behörden oder die Schiedsgutachten der Prüfämter. Während es für den ersten Fall nicht so wichtig ist, ob sich die Versuchsergebnisse stets und unter allen Umständen wiederholen lassen, wenn nur das Verhältnis der Prüfergebnisse gleich bleibt und den Erfahrungen der Praxis etwa entspricht, ist die Reproduzierbarkeit im anderen Fall die Vorbedingung für die Brauchbarkeit des Prüfverfahrens.

Da eingehendere Erfahrungen über die Reproduzierbarkeit der einzelnen Verfahren bisher nicht vorlagen und es bislang unmöglich war, die an verschiedenen Stellen mit verschiedenen Prüfverfahren gewonnenen Versuchsergebnisse zueinander in Beziehung zu setzen, ergab sich hieraus die Aufgabe, die gebräuchlichsten Verfahren mit Hilfe eines einheitlichen Prüfmaterials miteinander zu vergleichen und den Einfluß abweichender Versuchsbedingungen festzustellen. Obwohl Teilprobleme dieser Aufgabe schon in einzelnen im Literaturverzeichnis angegebenen Arbeiten behandelt worden sind, konnten infolge des Umfangs der vorliegenden Arbeit und der Unvollständigkeit und mangelnden Vergleichbarkeit der früheren Arbeiten nur die Erfahrungen der eigenen Untersuchungen wiedergegeben werden.

I. BEGRIFFSBESTIMMUNGEN

A. Wasserdichtigkeit und wasserabweisende Eigenschaften

Für das Verständnis der verschiedenen Prüfverfahren, die sich mit dem Verhalten der Textilien gegen flüssiges Wasser befassen, und insbesondere für die Auswertung der Versuchsergebnisse ist es erforderlich, zunächst einmal die Einzelvorgänge genauer zu betrachten, die den Prüfungen zugrunde liegen.

Die Einwirkung von Wasser auf Textilien stellt keinen einfachen Vorgang dar, vielmehr spielen dabei eine Reihe von Eigenschaften, wie Benetzbarkeit, Wasserdichtigkeit, gewebestruktur-abhängige Porosität und Kapillarität, Hydrophobie, Quellbarkeit und Wasseraufnahme eine mehr oder weniger große Rolle.

Maßgebend für die Benetzung eines Textilgebildes, ob man nun ein Gewebe oder eine Einzelfaser betrachtet, ist stets die Grenzflächenspannung des Faserstoffes gegenüber Luft und Wasser, sowie die des Wassers gegen Luft. Letztere kann bei der Prüfung von Textilien auf Wasserdichtigkeit und wasserabweisende Eigenschaften stets als gleichbleibend angenommen werden, da sie durch die üblichen, geringen Verunreinigungen des Regenwassers nur in sehr geringem Maße verändert wird. Bei der Messung der Grenzflächenspannung des Faserstoffes gegenüber Flüssigkeiten können die gleichen Prüfverfahren sowohl zur Beurteilung der Netzwirkung verschiedener Flüssigkeiten gegenüber einem Normalgewebe als auch zur Prüfung der Benetzbarkeit verschiedener Textilien gegenüber einer bestimmten Flüssigkeit verwendet werden. Die Bestimmung der Grenzflächenspannung zwischen festen Stoffen und Wasser nach den physikalischen Methoden: Bestimmung der Saughöhe (Kapillarwirkung) und des Tropfen-Randwinkels sind zwar theoretisch und an einheitlichen Körpern eindeutig, praktisch ist sie jedoch nicht für die angestrebte Normprüfung an Textilien anwendbar, da für die exakte Bestimmung der Saughöhe die Kenntnis der Kapillarendurchmesser und für die Randwinkelmessung eine ebene Oberfläche Vorbedingung sind.

Die Einflüsse der inneren und äußeren Struktur eines Textilerzeugnisses machen es erklärlich, daß Prüfergebnisse, die an Garnen gewonnen sind, nicht ohne weiteres auf daraus hergestellte Fertigwaren übertragen werden können.

Alle bisher bekannten Prüfverfahren erstreben infolgedessen weniger eine absolute Messung, als vielmehr Vergleichszahlen, deren Vergleichbarkeit nur durch genaueste Einhaltung festgelegter Versuchsbedingungen gewährleistet wird. Da außerdem auch die zur Beschreibung der Versuche gebrauchten Begriffe nicht ausschließlich physikalische Größen sind und daher nicht von allen Bearbeitern in demselben Sinne benutzt werden, sollen im folgenden

---
[1] Ein Teil der Versuche zu Beginn der Arbeit ist von Herrn J. Becker ausgeführt worden.
[2] Literaturverzeichnis am Schluß der Arbeit.

die wichtigsten von ihnen näher erläutert und eindeutig festgelegt werden.

Als erstes sollen die Bezeichnungen „wasserdicht" und „wasserabweisend" streng geschieden werden.

Mit „Wasserdichtigkeit" soll die Widerstandsfähigkeit eines Textilerzeugnisses gegen mit einem gewissen Druck hindurchgepreßtes Wasser bezeichnet werden. Die durch Diffusion durchtretende Feuchtigkeit soll hierbei nicht berücksichtigt werden. Es ist klar, daß die Vorbedingung für die „Wasserdichtigkeit" ein Verschluß der Gewebeporen ist, sei es durch besonders dichte Einstellung des Gewebes, durch Quellung der Fasern oder durch eingelagerte Fremdstoffe. Für diese Prüfung kommen mithin nur flächenförmige Gebilde, also Gewebe in Frage.

Garne und Fasern in der Flocke können hingegen nur auf „wasserabweisende Eigenschaften" geprüft werden, ebenso wie Gewebe und Gewirke, bei denen — meist aus hygienischen Gründen — ein Verschluß der Poren vermieden werden muß. Die Grundlage der „wasserabweisenden Eigenschaften" ist eine verringerte Benetzbarkeit der Oberfläche und eine herabgesetzte Quellbarkeit. Kennzeichnend ist infolgedessen ein Abperlen auftreffender Wassertropfen bzw. eine verhältnismäßig geringe Wasseraufnahme. Unter Wasseraufnahme ist dabei im wesentlichen nur das auf der Oberfläche und in den Räumen zwischen den Fasern befindliche, flüssige Wasser gemeint, während das von den Fasern aufgenommene Quellungswasser nur zu dem Teile berücksichtigt wird, der zu Beginn des Versuches noch nicht in dem Prüfmaterial enthalten war. Hierbei ist außerdem zu beachten, daß die Menge des Quellungswassers, die vielleicht als ein Maß für die wasserabweisenden Eigenschaften der Einzelfaser gewählt werden kann, nur von der Art und Vorbehandlung des Fasermaterials abhängt, während an der Wasseraufnahme fertiger Textilwaren die Art des Gewebeaufbaus, die Garndrehung u. a. maßgebend beteiligt sind.

B. Grundsätzliche Ableitung der Prüfbedingungen

Die bereits oben angeführte Unterscheidung in „wasserdichte" und „wasserabweisende" Textilien entspringt den grundsätzlichen Unterschieden in den Anforderungen, die sich für bestimmte Gruppen von Stoffen aus dem Verwendungszweck ergeben. Zu der Gruppe der wasserdichten Gewebe, die sich durch absichtlich herbeigeführten Porenverschluß auszeichnen, gehören: Segeltuche, Wagenplanen, Zeltbahnstoffe sowie gewisse Regenmantelstoffe.

Ein solcher Porenverschluß ist bei Textilien, die insbesondere für die Bekleidung bestimmt sind, unerwünscht, weil er den für die Hautatmung wichtigen Luftaustausch verhindern würde, der auch im nassen Zustand erhalten bleiben soll. Statt der Wasserdichtigkeit werden von dieser Gruppe von Textilien wasserabweisende Eigenschaften verlangt, d. h. ein Abperlen des auftreffenden Wassers unter möglichster Verhinderung einer Quellung und damit verbundenen Wasseraufnahme, die zu unerwünschter Gewichtserhöhung und Verlängerung der Trockendauer des naß gewordenen Kleidungsstoffes führt.

Schließlich ist noch eine dritte Gruppe von Textilien zu erwähnen, bei denen die Absicht eines Abschlusses gegen eindringendes Wasser überhaupt nicht beabsichtigt ist, wie z. B. Trikots für Badeanzüge. In diesem Fall soll lediglich durch Verminderung der Quellung eine Beschleunigung der Trocknung erreicht werden. Ähnlich liegt es bei Halbfabrikaten, wie Garnen und Fasern in der Flocke, deren wasserabweisende Eigenschaften so von der zufälligen Anordnung und Menge der Zwischenräume und von der Oberfläche abhängen, also durch die Art der Probenaufmachung bedingt sind, daß als sicherstes Maß nur die Bestimmung des Quellungswassers übrig bleibt, wenn man es nicht vorzieht, sie in irgendeiner gleichartigen Weise zu Geweben oder Gewirken zu verarbeiten. Dies ist besonders deswegen vorzuschlagen, weil eine eindeutige Beziehung zwischen Quellung und wasserabweisenden Eigenschaften nicht angegeben werden kann.

Aus den Anforderungen im Gebrauch ergeben sich die Grundsätze, nach denen die Prüfungen auf die jeweils erwünschten Eigenschaften der Textilien abzustimmen sind. Vor allem geht daraus hervor, daß es wohl kaum möglich sein wird, ein sämtlichen Anforderungen gerechtwerdendes Einheitsprüfverfahren zu finden.

Zur Prüfung von Textilien auf Wasserdichtigkeit muß mit Hilfe einer Einspannung oder Abdichtung ein gewisser Wasserdruck auf einer entsprechend vorbereiteten Probe erzeugt und seine Höhe sowie die Zeit der Einwirkung bis zum Durchdringen von Wassertropfen gemessen werden. Für die Erfüllung einer Mindestanforderung kann auch nur eine bestimmte Druckhöhe und Zeitdauer vorgeschrieben werden, für die der Stoff keinen Durchgang von flüssigem Wasser bemerken lassen darf.

Für die Messung der wasserabweisenden Eigenschaften müßte durch Wägung der vorbereiteten Proben nach Ausliegen bei bestimmter Luftfeuchtigkeit und nach einer Naßbehandlung — sei es Eintauchen oder Beregnen unter genau festzulegenden Arbeitsbedingungen — und Berechnung der Gewichtszunahme in % des Anfangs-Gewichtes, die Wasseraufnahme bestimmt werden. Entsprechend kann auch durch Wägung das Quellungswasser von Einzelfasern bestimmt werden, wobei die Dauer der Naßbehandlung sowie eine geeignete Arbeitsweise für die Entfernung des außen anhaftenden Wassers festgelegt werden muß.

Schließlich ist für die Beurteilung der Gebrauchstüchtigkeit nicht allein die Prüfung im Anlieferungszustand maßgebend. Für eine umfassende Bewertung sind vielmehr auch Beanspruchungen vorzusehen, die die Einflüsse des Gebrauchs nachahmen sollen, wie z. B. mehrfaches Kniffen und Befeuchten bei Segeltuchen oder eine Wasch- bzw. Reinigungsbehandlung bei Mantel- und Anzugsstoffen, gegebenenfalls eine längere Einwirkung der Witterung, u. a.

Im folgenden soll außer einer kurzen Kennzeichnung der Grundzüge der verschiedenen Prüfverfahren auf die für die Reproduzierbarkeit der Ergebnisse zu berücksichtigenden Einflüsse hingewiesen werden, soweit sie im einzelnen untersucht worden sind. Die für mehrere Prüfverfahren gemeinsam gültigen Einflüsse sind im allgemeinen jeweils nur bei einem Verfahren untersucht und ausgeführt worden.

II. ÜBERSICHT ÜBER DIE BISHER ÜBLICHEN PRÜFVERFAHREN

A. „Wasserdicht"-Prüfung

1. Muldenversuch

Versuchsausführung: Bildung einer flachen Mulde aus dem Gewebemuster. Füllen der Mulde mit Wasser.

Bewertung der Wasserdichtigkeit: Zeit bis zum Durchtreten von Wassertropfen, evtl. in der Zeiteinheit durchgelaufene Wassermenge.

Zu berücksichtigende Einflüsse:

1. Abmessungen des Gewebestückes und des Aufspannrahmens.

2. Bemessung des eingefüllten Wassers:
   a) nach der Menge oder
   b) nach der Höhe.
3. Erschütterung.
4. Deformation (Dehnung, Verzerrung des Stoffes durch die Wasserbelastung).
5. Veränderung der Durchlaufgeschwindigkeit während des Versuchs.

Vorschlag: Ergänzung der Bewertung wasserdichter Gewebe durch Bestimmung der Wasseraufnahme bei der Muldenprobe.

2. Trichterversuch

Versuchsausführung: Runde Stoffscheibe nach Art eines Filters zweimal falten und so in einen Trichter legen, daß die eine Hälfte der Trichterwandung mit einfacher, die andere mit dreifacher Stofflage bedeckt ist. Füllen des Trichters mit einer bestimmten Menge Wasser.

Bewertung der Wasserdichtigkeit: Zeit bis zum Durchtropfen von Wasser an der Spitze des Trichters, bzw. in der Zeiteinheit durchlaufende Wassermenge.

Zu berücksichtigende Einflüsse: Außer den oben aufgeführten Punkten 2 und 4, die durch die geänderte Versuchsanordnung fortfallen, sind die Verhältnisse dieselben wie beim Muldenversuch.

3. Wassersäulenversuch

Versuchsausführung: Gleichmäßige Belastung eines Stoffabschnittes mit einer beliebig hoch einstellbaren Wassersäule, am einfachsten durch Befestigen einer Stoffscheibe an der Öffnung eines Rohres und Einfüllen von Wasser bis zur bestimmten Höhe; oder Schopper-Apparat zur Prüfung von Geweben auf Wasserdurchlässigkeit.

Bewertung der Wasserdichtigkeit: Zeit bis zum Durchtropfen von Wasser, Menge des in der Zeiteinheit bei gleichbleibendem Wasserdruck durchtropfenden Wassers.

Zu berücksichtigende Einflüsse:
1. Wassersäulenhöhe.
2. Dehnung und Verzerrung des Gewebes durch den Wasserdruck und Mängel der Einspannung.
3. Geschwindigkeitsveränderungen beim Durchtreten des Wassers.
4. Ablesegenauigkeit der Wassermengen.
5. Auswirkung der Ungleichmäßigkeit des Gewebes.

4. Wasserdruckversuch

Versuchsausführung: Gleichmäßige Steigerung der Wasserbelastung über einer waagerecht eingespannten runden Stoffscheibe, z. B. durch Heben eines kommunizierenden Gefäßes.

Bewertung der Wasserdichtigkeit: Beim Durchdringen des Wassers erreichte Druckhöhe.

Zu berücksichtigende Einflüsse:
1. Größe der Prüffläche.
2. Belastungsgeschwindigkeit.
3. Auswirkung der Ungleichmäßigkeit des Gewebes (Bewertung nach dem ersten oder den späteren Tropfen).

B. „Wasserabweisend"-Prüfung
1. Tauchverfahren

a) Netzversuch

Versuchsausführung: Auflegen des Stoff- oder Garnmusters auf eine Wasseroberfläche.

Bewertung der wasserabweisenden Eigenschaften: Zeitdauer bis zum Untersinken.

Zu berücksichtigende Einflüsse:
1. Art des Auflegens.
2. Wasserzusammensetzung.

Die Ergebnisse sind nur an gleichzeitig durchgeführten Versuchen vergleichbar. Die lange Dauer, sowie die große Zahl der zum Ausgleich verschiedenen Auflegens nötigen Versuche machen dieses Prüfverfahren für genaue Messungen ungeeignet.

b) Tauchversuch mit Belastung

Versuchsausführung: Belastung der Proben mit angehängten Gewichten. Einsenken ins Wasser, Herausheben und Entfernen des lose anhängenden Wassers. Das Untertauchen kann auch anstatt durch Belastung durch Einschließen in eine durchlöcherte Kapsel geschehen.

Bewertung der wasserabweisenden Eigenschaften: Aufgenommene Wassermenge.

Zu berücksichtigende Einflüsse:
1. Eintauchtiefe.
2. Tauchdauer.
3. Bewegung während des Tauchens.
4. Art der Entfernung des überschüssigen Wassers.

c) Tauchversuch nach Becker

Versuchsausführung: Aufspannen von Gewebestreifen oder Garnen auf eine mit Querstäben versehene Schwungscheibe. Drehen der zu einem Teil unter Wasser gebrachten Scheibe, Herausheben und Abschleudern der Proben durch Erhöhung der Umdrehungszahl.

Bewertung der wasserabweisenden Eigenschaften: Aufgenommene Wassermenge.

Zu berücksichtigende Einflüsse:
1. Spannung und Packungs-Dichte der Proben.
2. Tauchtiefe.
3. Dauer und ⎫
4. Geschwindigkeit ⎬ des Tauchens.
5. Dauer und ⎫
6. Geschwindigkeit ⎬ des Schleuderns.

d) Bestimmung des Quellvermögens von Einzelfasern nach DIN DVM 3801

Versuchsausführung: Zur Bestimmung des Quellvermögens werden etwa 10 g lufttrocknes Fasergut eine halbe Stunde lang in destilliertes Wasser von 20° gelegt. Das überschüssige Wasser wird durch Ausschleudern während einer Minute mit einer Fliehkraftbeschleunigung von 750 000 cm/sec (z. B. 4000 Umläufe bei einem Trommeldurchmesser von 85 mm) entfernt. Die Probe wird sofort in einem Wägeglas verschlossen.

Bewertung: Das Quellvermögen wird ausgedrückt als Wassergehalt des ausgeschleuderten Fasergutes in % des nach Austrocknen bei 105—110° bestimmten Trockengewichtes.

2. Einzeltropfversuch (Abperlprobe)

Versuchsausführung: Auffallenlassen von Tropfen bestimmter Größe aus gemessener Höhe und mit bestimmter Geschwindigkeit auf ein zumeist unter 45° aufgespanntes Stoffmuster.

Bewertung der wasserabweisenden Eigenschaften: Abperleffekt und Zeitdauer bis zum Durchdringen von Wasser an der Auftreffstelle der Tropfen.

Zu berücksichtigende Einflüsse:
1. Probenspannung.
2. Auftreffwinkel.
3. Tropfenfallhöhe.
4. Tropfengröße.
5. Tropfenzahl/min.
6. Wasserhärte.
7. Wassertemperatur.
8. Ungleichmäßigkeit des Stoffes.

3. Beregnungsverfahren

a) Beregnungsversuch nach Bundesmann

Versuchsausführung: Vier runde Stoffproben werden auf leicht nach außen geneigte, runde Büchsen gespannt und — unter gleichzeitiger Drehung und Reibung der Rückseite — aus einer Tropfbrause beregnet. Entfernung des überschüssigen Wassers durch Ausschlagen mit der Hand.

Bewertung der wasserabweisenden Eigenschaften: Gewichtszunahme der Proben, durchgelaufene Wassermenge.

Zu berücksichtigende Einflüsse:
1. Bewegung der Proben.
2. Reibung der Proben.
3. Dauer der Beregnung.
4. Regenmenge/min.
5. Art der Entfernung des überschüssigen Wassers.

b) Beregnungsversuch nach Franz u. Henning

Versuchsausführung: Eine rechteckige Stoffprobe wird unter bestimmter Spannung auf eine zylindrische Einspannvorrichtung aufgebracht, die während der Beregnung langsam gedreht wird. Im Innern des Zylinders streift ein Gummilappen etwa durchgegangenes Wasser vom Stoff ab und reibt gleichzeitig leicht die Rückseite. Die Tropfbrause bewegt sich seitlich hin und her. Abschleudern des überschüssigen Wassers durch Erhöhung der Umdrehungszahl der Aufspannvorrichtung.

Bewertung der wasserabweisenden Eigenschaften: Gewichtszunahme der Proben, durchgelaufene Wassermenge.

Zu untersuchende Einflüsse:
1. Spannung des Stoffmusters.
2. Beregnungsdauer.
3. Schleuderdauer.

c) Beregnungsversuch nach Mecheels

Versuchsausführung: Eine runde Stoffprobe wird in einen schwach geneigten Rahmen gespannt, von der Unterseite durch eine angerauhte Metallplatte auf einem Teil der Einspannfläche gerieben und von oben aus 1 m Höhe durch ein mit Düsen versehenes Gefäß beregnet.

Bewertung der wasserabweisenden Eigenschaften: Zeit bis zum Abfallen des ersten Tropfens auf der Unterseite, durchgelaufene Wassermenge.

Zu untersuchende Einflüsse: Da der Apparat nicht zur Verfügung stand und die Beschreibung ziemlich summarisch ist, kann über die Wirkungsweise nichts ausgesagt werden.

d) Beregnungsversuch nach dem Amtsverfahren

Versuchsausführung: Rechteckiges Stoffmuster, auf einen Rahmen unter 45° eingespannt, wird aus einer Tropfbrause beregnet; weder das Muster noch die Brause werden dabei bewegt. Entfernung des anhängenden Wassers durch Abtropfenlassen.

Bewertung der wasserabweisenden Eigenschaften: Aufgenommene Wassermenge.

Zu berücksichtigende Einflüsse:
1. Probengröße (Probenvorbehandlung).
2. Probenspannung.
3. Strichrichtung.
4. Auftreffwinkel.
5. Regenmenge.
6. Beregnungsdauer.
7. Art der Entfernung des überschüssigen Wassers.

III. ÜBERPRÜFUNG DER VERFAHREN

A. Versuchsmaterial

Um die Eignung der verschiedenen oben kurz angeführten Prüfverfahren zur Bewertung wasserdichter und wasserabweisender Textilien möglichst einwandfrei vergleichen zu können, mußten Vertreter aller üblicherweise auf diese Eigenschaften zu prüfenden Gewebe, Gewirke und Garne herangezogen werden. Dabei war es nicht erforderlich, daß sämtliche Prüfverfahren auf jede Gruppe des Prüfmaterials angewendet werden mußten, sondern es konnte sehr wohl ein Prüfverfahren für eine oder mehrere Warengattungen ausfallen, wenn es der normalen Beanspruchung der Ware nicht entspricht. Neben der Festlegung der Brauchbarkeitsgrenzen für jede Arbeitsweise sollte gleichzeitig versucht werden, die Versuchsergebnisse zueinander in Beziehung zu setzen. Auch hierfür war es erforderlich, das Versuchsmaterial so vielseitig wie möglich zu wählen. Schließlich mußte bei der Untersuchung der Auswirkungen veränderter Versuchsbedingungen beachtet werden, daß diese bei sehr verschieden aufgebauten Textilerzeugnissen nicht in derselben Richtung zu verlaufen brauchen.

In große Gruppen zusammengefaßt, wurden Vertreter folgender Warengattungen untersucht (Zahlentafeln von 1 bis 3):
1. Segeltuche, Wagenplanen, Zeltbahnstoffe u. ä.
2. Uniform-, Mantel- und Kleiderstoffe.
3. Regenschirmstoffe.
4. Wirkwaren.
5. Garne.

Um in den Zahlentafeln der Untersuchungsberichte die Wiederholung langer Bezeichnungen zu vermeiden, sind in der folgenden Zusammenstellung sämtlicher zu den Prüfungen verwendeter Gewebe, Gewirke und Garne die später verwendeten Kurzzeichen angegeben worden. Es wird hierdurch eine etwas leichtere Zuordnung der verschiedenen Imprägnierungen zum unbehandelten Stoff erreicht als durch einfache fortlaufende Numerierung.

Zahlentafel 1. Versuchsmaterial: Gewebe

Bezeichnung des Stoffes		Stoffart (Spinnstoff)	Imprägnierung	Quadratmetergewicht g	Bindung	Fadenzahl je 10 cm	
						Kette	Schuß
FW	1	Zeltbahn (Baumw.)	nicht imprägniert	464	Segeltuchbindung	182	146
	2	,,	Spezialimprägnierung	499	,,	182	152
	3	,,	Spezialimprägnierung	362	,,	200	168
	4	,,	nicht imprägniert	326	,,	204	172
	5	,,	wasserd. u. fäulniswidr.	385	,,	210	168
	6	,,	gewöhnliche Imprägn.	368	,,	206	168
	7	,,	leicht imprägniert	355	,,	204	168
	8	Brotbeutelstoff (Baumwolle)	im Stück imprägniert	368	,,	204	182

Zahlentafel 1. Versuchsmaterial: Gewebe (Fortsetzung)

Bezeichnung des Stoffes	Stoffart (Spinnstoff)	Imprägnierung	Quadratmetergewicht g	Bindung	Fadenzahl je 10 cm Kette	Fadenzahl je 10 cm Schuß
FW 9	Brotbeutelstoff (Baumwolle)	im Garn imprägniert	341	Segeltuchbindung	206	172
10	Zeltbahn (Baumw.)	wasserdicht imprägn.	510	,,	182	146
11	,,	wasserdicht u. fäulniswidrig imprägniert	525	,,	180	150
12	,,	im Garn imprägniert	281	Leinwandbindung	212	216
S 1	Wagenplane (Baumwolle)	roh	628	Segeltuchbindung	144	136
2	,,	imprägniert	705	,,	144	136
3	,,	roh	259	Leinwandbindung	310	270
4	,,	imprägniert	294	,,	320	256
R 1	Uniformtuch (Wolle)	nicht imprägniert	434	Tuchbindung	196	204
2	,,	Paraffinemulsion M	435	,,	192	196
3	,,	Paraffinemulsion K	435	,,	198	206
4	,,	ameisensaure Tonerde	442	,,	194	198
5	Loden (Wolle)	nicht imprägniert	317	,,	124	126
6	,,	Paraffinemulsion M	314	,,	128	134
7	,,	Paraffinemulsion K	320	,,	130	130
8	,,	ameisensaure Tonerde	317	,,	126	122
VDO 1	Gabardine (Wolle)	nicht imprägniert	338	Gabardinebindung	515	260
2	,,	essigsaure Tonerde	341	,,	515	220
3	,,	Paraffinemulsion K	337	,,	515	220
K 1	Kleidungsstoff (Baumwolle)	roh	312	Köper 2/2	460	232
2	,,	imprägniert	316	,,	472	252
GW 1	Mantelseide (Kunstseide)	nicht imprägniert	98	Leinwandbindung	644	384
2	,,	imprägniert	98	,,	644	370
3	Regenschirmseide (reine Seide)	nicht imprägniert	75	,,	452	492
4	,,	imprägniert	74	,,	452	468
G 1	Schirmstoff (Baumwolle)	nicht imprägniert	142	Köper 1/2	330	270
2	,,	imprägniert	148	,,	339	270

Zahlentafel 2. Versuchsmaterial: Gewirke

Bezeichnung des Stoffes	Stoffart (Spinnstoff)	Imprägnierung	Quadratmetergewicht g	Anzahl der Maschen auf 10 cm	Anzahl der Stäbchen auf 10 cm	Strickart
F 5	Trikot (Baumwolle)	nicht imprägniert	253	116	86	glatt, rechts plattiert links gerauht
6	,,	imprägniert im Stoff	250	112	88	,,
7	Trikot (Wolle)	nicht imprägniert	563	78	128	rechts-rechts
8	,,	imprägniert in d. Flocke	680	94	134	,,
9	,,	imprägniert im Stoff	671	100	128	,,
M 1	Trikot (Wolle)	Paraffinemulsion M	742	24	40	,,
2	,,	Paraffinemulsion K	684	24	40	,,
3	,,	Tonerde-Imprägnier. T	771	24	42	,,
4	,,	nicht imprägniert	707	24	38	,,
5	,,	Paraffinemulsion K	476	58	100	,,
6	,,	Paraffinemulsion M	481	56	100	,,
7	,,	Tonerde-Imprägnier. T	470	58	100	,,
8	,,	nicht imprägniert	468	58	98	,,

B. Allgemeine Versuchsbedingungen

Für die Reproduzierbarkeit der Versuchsergebnisse ist bekanntlich der Zustand des zu prüfenden Stoffes von wesentlicher Bedeutung. In den meisten für die Zwecke der Gütebeurteilung von Imprägnierungen im laufenden Betriebe aufgestellten Prüfvorschriften ist jedoch nur angegeben, daß die Ware nach dem Imprägnieren gut getrocknet und ausgekühlt sein soll, um Fehlversuche zu vermeiden. Diese Angabe genügt indessen nur für grobe qualitative Unterscheidungen. Einzelne, weiter unten genauer aufgeführte Versuchsreihen (s. Zahlentafel 26 u. 28, S. 22 u. 24) ergaben einen deutlichen Einfluß der Vorbehandlung, so daß es geraten erscheint, auch die Vorbereitung der Proben für die Normverfahren genau festzulegen. Insbesondere sollte das Auslegen der Muster in der Standardatmosphäre (65% rel. Luftfeuchtigkeit, 20° C) für mindestens 24 Stunden nicht versäumt werden. Bei Schwergeweben, z. B. Zeltbahnstoffen, Wagenplanen, dicht gewalkten Tuchen, reicht sogar im allgemeinen diese Zeit kaum aus und muß auf 2—3 Tage erhöht werden. Weiter-

Zahlentafel 3. Versuchsmaterial: Garne

Bezeichnung des Garns		Garnart (Spinnstoff)	Fachung	Metrische Zwirnnummer	Imprägnierung
F	1	Baumwolle	1 fach	66,3	nicht imprägniert
	2	,,	1 fach	9,5	imprägniert
	3	Wolle	2 fach	25,0	nicht imprägniert
	4	,,	2 fach	50,6	imprägniert
M	1	Wolle	4 fach	3,4	nicht imprägniert
	2	,,	,,	3,5	Paraffinemulsion K
	3	,,	,,	3,4	Paraffinemulsion M
	4	,,	,,	3,3	Tonerde-Imprägnier. T
	5	,,	2 fach	26,0	nicht imprägniert
	6	,,	,,	25,5	Paraffinemulsion M
	7	,,	,,	25,6	Paraffinemulsion K
	8	,,	,,	25,3	Tonerde-Imprägnier. T

Aus den in der Zahlentafel 3 aufgeführten Garnen M 1—8 sind die in der Zahlentafel 1 angegebenen Gewirke derselben Bezeichnung hergestellt worden. Die Baumwollgarne F 1 und F 2 sind zusammen zu den plattierten Baumwollwirkwaren F 5 und F 6 verarbeitet worden, die Wollgarne F 3 und F 4 zu den Wolltrikots F 7—9.

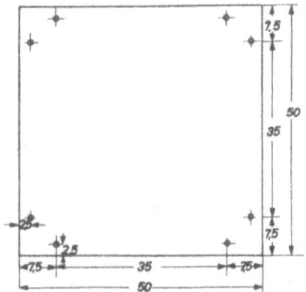

Bild 1. Maßzeichnung zum Muldenversuch. Zugeschnittenes Stoffmuster

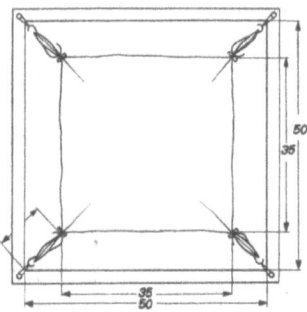

Bild 2. Maßzeichnung zum Muldenversuch. Im Holzrahmen aufgehängte Mulde

gehende Vorbehandlungen wie Einweichen, Trocknen, Falten bzw. Kniffen und Waschen, Chemisch-Reinigen oder Bewettern fallen nicht eigentlich unter diese Probenvorbereitung, da sie aber über die Beständigkeit der Imprägnierung Aussagen zu machen gestatten, sollten sie zur Begutachtung so weit wie möglich mit herangezogen werden. Beispiele einiger im Amt durchgeführter Untersuchungen über die Gebrauchseigenschaften imprägnierter Textilien sind auf S. 38 angegeben.

Für die Versuche wurde im allgemeinen destilliertes Wasser von etwa 20° verwendet. Nur die Beregnungsversuche wurden mit Leitungswasser von etwa 12° D. H. ausgeführt.

Die Berechnung der Wasseraufnahme erfolgte bei den nachstehend geschilderten Versuchen stets bezogen auf die benetzte Fläche; die durch Einspannvorrichtungen u. ä. vor der Einwirkung des Wassers geschützten Randteile wurden zuvor vom Probengewicht abgezogen.

Zur Kennzeichnung der Genauigkeit der Ergebnisse wurde bei der Auswertung die mittlere Abweichung, d. h. das arithmetische Mittel der Abweichungen der Einzelwerte vom Mittelwert einer Versuchsreihe, ausgedrückt in % des Mittelwerts, berechnet.

C. „Wasserdicht"-Prüfung

1. Muldenversuch

Versuchsanordnung:

Da der Muldenversuch zu den ältesten Prüfungen wasserdichter Gewebe gehört, besteht eine außerordentlich große Anzahl von Vorschriften und Vorschlägen für ihre Durchführung. Nach den von Behörden aufgestellten Abnahmebedingungen, die sich in den meisten Fällen auf den Muldenversuch stützen und den vom Reichsausschuß für Lieferbedingungen herausgegebenen Prüfbedingungen für Segeltuche RAL 391 A/B, ist etwa folgende Versuchsanordnung als normal anzusehen und daher für den Vergleich der Prüfverfahren verwandt worden.

Die in einer Größe von 50×50 cm zugeschnittene Stoffprobe wird nach den Angaben der Skizze (Bild 1) mit Hakenlöchern versehen und mit eisernen Haken und Bindfäden nach den nebenstehenden Bildern 2 und 3 an einem 50×50 cm im Lichten messenden Holzrahmen befestigt. Die in den Zeichnungen angegebenen Maße sind tunlichst einzuhalten, da sie nicht nur das gleichmäßige Arbeiten erleichtern, sondern auch durch Veränderung der Muldenform die Ergebnisse beeinflußt werden können.

Für die Versuche mit dauernder Erschütterung der Mulden diente die in Bild 4 schematisch dargestellte Vorrichtung, bei der ein an einer Ecke der Mulde aufgehängtes Gewicht von 100 g etwa 36 mal in der Minute um etwa 5 cm angehoben und wieder fallen gelassen wurde. Die

Aufnahme: Staatliches Materialprüfungsamt, Berlin-Dahlem
Bild 3. Muldenversuch

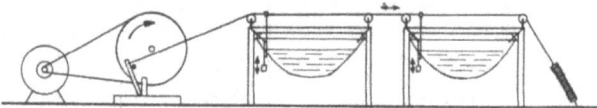

Bild 4. Versuchsanordnung zur Durchführung des Muldenversuchs mit Erschütterung

Bewegung wurde von einem Elektromotor über ein einfaches Exzentergetriebe auf eine Schnur übertragen, durch die beliebig viel, bei den vorliegenden Versuchen bis zu drei Mulden gleichzeitig erschüttert werden konnten.

Das Einfüllen des Wassers erfolgte durch einen Trichter mit aufgezogenem dünnen Gummischlauch, der bis in die Mitte der Mulde reichte und nur ein langsames und vorsichtiges Einfüllen erlaubte. An der tiefsten Stelle der Mulde wurde die Wasserhöhe mit einem starren Maßstab gemessen.

Untersuchung verschiedener Einflüsse auf die Versuchsergebnisse:

Der Haupteinwand gegen die Anwendbarkeit des Muldenversuchs ist stets die durch die nicht unerhebliche

Wasserbelastung hervorgerufene Deformation des Versuchsstückes gewesen. So sollte vor allem sowohl an der Mulde als auch am Stoff selbst nachgeprüft werden, bis zu welchem Betrag die Gewebe durch die übliche Wasserbelastung ausgedehnt werden.

Als Beispiel für die nach 20 Stunden an 10 cm tiefen Mulden festgestellten Formveränderungen seien folgende Werte angegeben:

Zahlentafel 4.
Prozentuale Stoffdehnung bei Belastung mit 10 cm Wasserhöhe

Probenbezeichnung		Dehnung in % in Richtung		
Nr.	Stoffart	Kette	Schuß	diagonal
VDO 1, 2, 3	Gabardine (Wolle)	1,3	2,7	—
S 1, 2, 3	Wagenplane (Baumwolle)	0,7	0,8	—
G 1, 2	Schirmstoff (Baumwolle)	0,4	5,6	7,2

Die Werte zeigen, daß bei den normalerweise im Muldenversuch zu prüfenden Stoffen (Segeltuchen, Wagenplanen) nur eine ganz unbedeutende Dehnung eintritt, die für die Größe der Poren ohne Bedeutung sein dürfte. Nur bei leichteren Stoffen, für die allerdings der Muldenversuch auch nicht der natürlichen Beanspruchung entspricht, sind dagegen merkliche Dehnungen besonders in der Schuß- und Diagonalrichtung aufgetreten.

Die Mehrzahl der Gewebe erwies sich nach der Muldenprüfung als „wasserdicht" und gestattete daher keine genauere Einordnung nach ihrer Güte. Bei den „undichten" Geweben wurde das durchgelaufene Wasser in einem Blechtrichter aufgefangen und in einen Meßzylinder geleitet. Die hierbei festgestellten Versuchsergebnisse sind in Zahlentafel 5 zusammengestellt worden.

Gewebes selbst. Auch bei den wasserundichten Geweben ist also nur die Definition einer empirischen Wertzahl durch genaue Festlegung der Versuchsbedingungen möglich. Diese Stoffe sind indessen weniger interessant als die

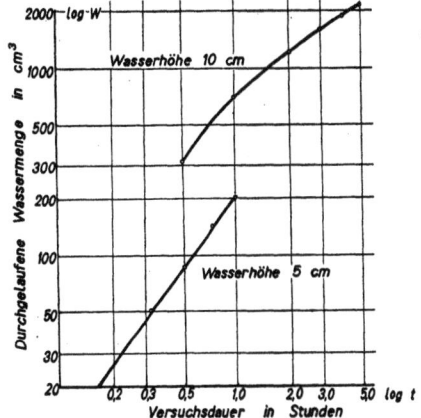

Bild 5. Muldenversuch. Zeitabhängigkeit des Wasserdurchlaufs. Zeltbahnstoff, nicht imprägniert FW 1

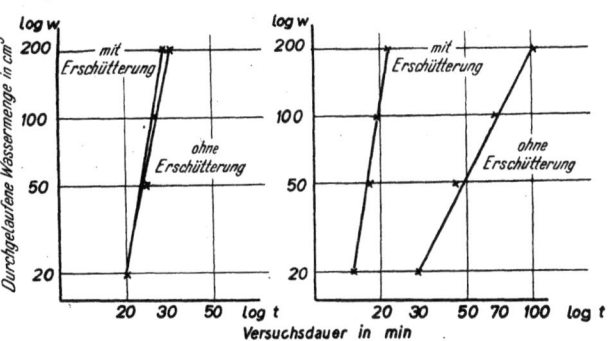

Bild 6. Muldenversuch. Einfluß der Erschütterung auf die Durchfluß-Geschwindigkeit des Wassers beim Muldenversuch (2 l-Mulde)
Nicht imprägniertes Tuch: R 1   Imprägnierter kunstseidener Regenmantelstoff: GW 2

Zahlentafel 5. Zeitabhängigkeit des Wasserdurchlaufs beim Muldenversuch

Bezeichnung der Probe		Versuchsausführung	Anfängliche Wasserdruckhöhe cm	Durchgelaufene Wassermenge cm³ nach einer Versuchsdauer von (Std.)								
Nr.	Stoffart			1/6	1/3	1/2	3/4	1	2	3	4	5	24
FW 1	Zeltbahn nicht imprägniert (Baumwolle)	ohne Erschütterung	5	20	50	85	140	200	—	—	—	—	1570
		ohne Erschütterung	10	—	—	310	—	670	1185	1560	1875	2130	3740
		mit Erschütterung	5	20	50	85	140	200	—	—	—	—	1700
		mit Erschütterung	10	—	—	345	—	710	1190	1560	1865	2110	3725
R 1	Uniformtuch nicht imprägniert	ohne Erschütterung	5	—	20	200	—	—	2000	—	—	—	—
		mit Erschütterung	5	—	20	200	—	—	2000	—	—	—	—
GW 2	Mantelstoff (Kunsts.) imprägniert	ohne Erschütterung	5	3	9	20	45	75	290	—	—	—	—
		mit Erschütterung	5	5	110	2000	—	—	—	—	—	—	—
GW 4	Regenschirmstoff (Seide) imprägn.	ohne Erschütterung	10	—	—	—	—	0	0	0	0	0	—
		mit Erschütterung	10	—	—	—	—	13	53	148	243	—	—

Da das durchgelaufene Wasser nicht nachgefüllt wurde, sinkt die Durchlaufgeschwindigkeit mit der Zeit. Die graphische Darstellung Bild 5 zeigt, daß die zu erwartende Beziehung zwischen Versuchsdauer und durchgelaufener Wassermenge im doppelt-logarithmischen Koordinatensystem nur bei geringem Wasserdruck etwa linear verläuft. Bei höherem Wasserdruck und längerer Versuchsdauer biegt die Kurve merklich zur Abszissenachse um. Die Deutung der Versuchsergebnisse ist zweifellos dadurch erschwert, daß im Verlauf der Prüfung sich nicht nur die Höhe des Wasserspiegels ändert, sondern auch die Größe der benetzten Fläche und der Quellungszustand des

wasserdichten. Man könnte, um auch hier Unterscheidungsmöglichkeiten zu schaffen, an die Erhöhung des Wasserdrucks denken, so daß die Mehrzahl der Stoffe nach der Menge des durchlaufenden Wassers beurteilt werden kann. Dies scheitert jedoch an der Tatsache, daß die Haken bei zu starker Belastung ausreißen, ganz abgesehen davon, daß die erforderlichen Höhen von etwa 30—50 cm ziemlich große Stoffabschnitte erfordern würden.

Die Einflüsse der Erschütterung und des Wasserdruckes bzw. der eingefüllten Wassermenge ergeben sich aus den nachstehend wiedergegebenen Versuchsergebnissen für das gesamte Probematerial (Zahlentafel 6—9).

Hauptversuchs-Ergebnisse: Die nach den normalen Versuchsbedingungen an geeigneten Vertretern des Versuchsmaterials durchgeführten Prüfungen ergaben die in den folgenden Zahlentafeln 6 und 7 zusammengestellten Werte für die 2-Liter-Mulde und die 10-cm-Mulde.

An den durchlässigen Geweben ist der zu erwartende Einfluß der Erschütterung (Bild 6) und der größeren Wassersäulenhöhe erkennbar, die sich beide in Richtung einer Erhöhung der durchgetretenen Wassermenge, und insbesondere bei der Vergrößerung des Wasserdruckes in einer Vermehrung der Zahl der undichten Gewebe auswirken.

Zahlentafel 6. Muldenversuch: 2-Liter-Mulde

Bezeichnung der Probe		Wasserdruckhöhe cm	Durchgelaufene Wassermenge cm³		Versuchsdauer
Nr.	Stoffart		ohne	mit	Std.
			Erschütterung		
FW	1	Zeltbahn (Baumwolle)	5,7	1570	1700	24
	2	,,	5,5	dicht	dicht	24
	3	,,	5,8	,,	,,	24
	4	,,		,,	,,	24
	5	,,		,,	,,	24
	6	,,		,,	,,	24
	7	,,		,,	,,	24
	8	Brotbeutelstoff (Baumwolle)		,,	,,	24
	9	,,		,,	,,	24
	10	Zeltbahn (Baumwolle)		,,	,,	24
	11	,,		,,	,,	24
	12	,,		,,	,,	24
S	1	Wagenplane (Baumwolle)	5,2	,,	,,	24
	2	,,		,,	,,	24
	3	,,	5,0	,,	,,	24
	4	,,		,,	,,	24
R	1	Tuch (Wolle)		2000	2000	2
	2	,,		dicht	dicht	2
	3	,,		,,	,,	2
	4	,,		,,	,,	2
	5	Loden (Wolle)		2000	2000	10
	6	,,		dicht	dicht	24
	7	,,	7,0	,,	,,	24
	8	,,	7,0	,,	,,	24
VDO	1	Gabardine (Wolle)	7,0	,,	,,	24
	2	,,	6,7	,,	,,	24
	3	,,	7,0	,,	,,	24
K	1	Kleidungsstoff (Baumwolle)		,,	,,	24
	2	,,		,,	,,	24
GW	1	Mantelstoff (Kunstseide)	7,0	2000	2000	8 min
	2	,,	7,0	,,	,,	2 Std. 10 min
	3	Schirmstoff (reine Seide)		,,	,,	10 min
	4	,,	7,0	dicht	dicht	24
G	1	Schirmstoff (Baumwolle)	7,5	,,	,,	24
	2	,,	7,3	,,	,,	24

Die auf Seite 9 erwähnte, auch aus diesen Versuchen sich ergebende mangelnde Unterscheidungsmöglichkeit von dichten Geweben macht zum Vergleich eine andere zahlenmäßige Bewertung der Imprägnierungsgüte erforderlich, für die die Bestimmung der Wasseraufnahme nach dem Muldenversuch geeignet erscheint. Diese kann im Anschluß an die übliche Muldenprobe durchgeführt werden, indem das Muster vor und nach dem Versuch gewogen wird. Die Entfernung des Wassers geschieht zweckmäßig durch

Zahlentafel 7. Muldenversuch: 10 cm-Mulde

Bezeichnung der Probe		Eingefüllte Wassermenge cm³	Durchgelaufene Wassermenge cm³		Versuchsdauer
Nr.	Stoffart		ohne	mit	Std.
			Erschütterung		
FW	1	Zeltbahn (Baumwolle)	6885	3740	3725	24
	2	,,	7170	dicht	dicht	24
	3	,,	6695	,,	,,	24
S	1	Wagenplane (Baumwolle)	7360	,,	,,	24
	2	,,	7260	,,	,,	24
	3	,,	6255	,,	,,	24
R	7	Loden (Wolle)	4290	,,	,,	24
	8	,,	4345	1307	1940	6
VDO	1	Gabardine (Wolle)	4565	dicht	715	24
	2	,,	4745	,,	dicht	24
	3	,,	4775	,,	,,	24
GW	4	Schirmstoff (Seide)	4535	,,	783	24
G	1	Schirmstoff (Baumwolle)	3830	10	87	24
	2	,,	3930	420	dicht	24

Abhebern der noch nicht durchgelaufenen Wassermenge und Ablaufenlassen (3 Minuten langes Aushängen in Kettrichtung). Unten anhängende Tropfen werden mit Fließpapier abgetupft.

Die Ergebnisse dieser Bewertung finden sich in der Zahlentafel 8.

Zahlentafel 8. Wasseraufnahme beim Muldenversuch

Bezeichnung der Proben		Wasserbelastung l	Wasseraufnahme[1] %		Mittlere Abweichung ±%	
Nr.	Stoffart		ohne	mit	ohne	mit
			Erschütterung		Erschütterung	
FW	1	Zeltbahn	2	50,0	46,7		
	2	(Baumwolle)	2	15,2	16,2		
	3	,,	2	43,0	45,4		
	4	,,	2	70,0	84,6		
	5	,,	2	23,0	22,4		
	6	,,	2	28,8	30,2		
	7	,,	2	31,0	32,0		
	8	Brotbeutelstoff	2	25,2	26,4		
	9	(Baumwolle)	2	32,0	37,5		
	10	Zeltbahn	2	22,3	24,6		
	11	(Baumwolle)	2	18,8	20,8		
	12	,,	2	24,6	26,7		
S	1	Wagenplane	2	31,4	34,2		
	2	(Baumwolle)	2	19,0	20,7		
	3	,,	2	37,6	47,0		
	4	,,	2	25,4	33,2		
R	1	Tuch	2	50,4	56,9		
	2	(Wolle)	2	46,3	48,6		
	3	,,	2	29,6	39,8		
	4	,,	2	28,2	35,3		
	5	Loden	2	38,2	—		
	6	(Wolle)	2	20,3	19,5		
	7	,,	2	18,0	16,9		
	8	,,	2	18,3	19,6		
VDO	1	Gabardine	2	25,5	29,4		
	2	(Wolle)	2	17,1	20,1		
	3	,,	2	16,9	25,6		
K	1	Kleidungsstoff	2	27,0	31,3		
	2	(Baumwolle)	2	22,3	23,9		
GW	1	Mantelstoff	2	25,8	—		
	2	(Kunstseide)	2	10,3	—		
	3	Schirmstoff	2	(1,8)	(1,8)		
	4	(reine Seide)	2	38,8	30,6		

[1] Berechnet auf das Gewicht der benetzten Fläche.

Zahlentafel 8. Wasseraufnahme beim Muldenversuch
(Fortsetzung)

Bezeichnung der Proben		Wasser-be-lastung l	Wasser-aufnahme [1] %		Mittlere Abweichung ± %	
Nr.	Stoffart		ohne Erschütterung	mit Erschütterung	ohne Erschütterung	mit Erschütterung
G 1	Schirmstoff	2	22,1	24,0		
2	(Baumwolle)	2	21,6	20,0		
FW 1	Zeltbahn	10	42,8	52,0	1,2	0,7
2	(Baumwolle)	10	14,6	14,5	2,0	1,4
3	,,	10	30,4	26,1	3,0	1,5
S 1	Wagenplane	10	26,0	27,2		
2	(Baumwolle)	10	15,7	16,6		
3	,,	10	37,7	42,0		
R 7	Loden	10	15,2	14,3		
8	(Wolle)	10	15,4	14,5		
VDO 1	Gabardine	10	22,6	25,8		
2	(Wolle)	10	15,3	16,9		
3	,,	10	20,1	18,8		
GW 4	Schirmstoff (Seide)	10	30,0	29,1	0	7,5
G 1	Schirmstoff	10	15,7	17,9		
2	(Baumwolle)	10	13,6	12,2		

[1] Berechnet auf das Gewicht der benetzten Fläche.

Leider reichte die vorhandene Stoffmenge nicht aus, um alle Prüfungen an 2 Mustern durchzuführen, die Abweichungen konnten daher nur in Einzelfällen festgestellt werden. Die auffällige Tatsache, daß bei Anwendung der größeren (im Durchschnitt 2- bis 3fachen) Wassermenge eine geringere Wasseraufnahme gefunden wurde (Zahlentafel 8), kann nur durch den Umstand erklärt werden, daß zwischen der Durchführung der Versuche mit der 2-Liter-Mulde und der 10-cm-Mulde ein Zeitraum von 2 Jahren lag, in welchen sich offenbar die Imprägnierung in bezug auf ihre wasserabweisenden Eigenschaften verbessert hat. Einzelne Kontrollversuche bestätigten diese Vermutung, jedoch konnten wegen des zu großen Stoffverbrauchs die Prüfungen um der besseren Übereinstimmung willen nicht wiederholt werden. Die in Zahlentafel 9 aufgeführten Einzel-Beispiele sollen nur das ungefähre Verhältnis zwischen gleichzeitig ausgeführten Prüfungen nach beiden Ausführungsbestimmungen belegen. Hierbei zeigt sich, daß die zu erwartende höhere Wasseraufnahme bei größerem Wasserdruck vorhanden ist, was sich zwanglos durch das stärkere Eindringen des Wassers in die Gewebeporen erklärt.

Zahlentafel 9
Muldenversuch: Vergleich der Wasseraufnahmen bei verschiedenen Wasserdruckhöhen

Bezeichnung der Probe		2 Liter-Mulde			10 cm-Mulde		
Nr.	Stoffart	eingefüllte Wassermenge cm³	Wasserdruckhöhe cm	Wasseraufnahme %	eingefüllte Wassermenge cm³	Wasserdruckhöhe cm	Wasseraufnahme %
FW 2	Zeltbahn (Baumwolle)	2000	5,5	8,8	7160	10	10,0
S 1	Wagenplane (Baumw.)	2000	5,2	12,0	7460	10	16,0
VDO 2	Gabardine (Wolle)	2000	6,7	10,2	4760	10	11,7

Versuchsbedingungen:
Probengröße 50×50 cm.
Erschütterung durch 36mal in der Minute um 5 cm herabfallendes Gewicht von 100 g.
Entfernung des überschüssigen Wassers: Aushängen in Kettrichtung für 3 Minuten, Abtupfen der anhängenden Tropfen.
Berechnung der Wasseraufnahme: auf das Gewicht der benetzten Fläche in %.

Zusammenfassend kann gesagt werden, daß der Muldenversuch zwar mit einfachen Mitteln durchzuführen ist, jedoch in seiner ursprünglichen Form nur eine verhältnismäßig ungenaue Unterscheidung der Gebrauchstüchtigkeit imprägnierter Gewebe gestattet. Der Einfluß der Schmiegsamkeit des Stoffes läßt keine Beziehung zwischen eingefüllter Wassermenge und Wasserdruckhöhe zu, und die zufälligen Unregelmäßigkeiten im Gewebe beeinflussen das Ergebnis so sehr, daß zuweilen eine mit Erschütterung geprüfte Mulde dicht ist, während der Parallelversuch ohne Erschütterung nicht unbeträchtliche Mengen Wasser durchläßt. Die Zahl der Versuche bis zur Erreichung eines guten Mittelwertes zu erhöhen, ist wegen des großen Stoffverbrauchs nicht angängig. Zur genaueren Beurteilung der Imprägnierungsgüte von Geweben nach dem Muldenversuch ist es daher zweckmäßig, außer der Beobachtung der Wasserdurchlässigkeit auch die in die benetzte Fläche aufgenommene Wassermenge zu bestimmen.

2. Wassersäulenversuch

Versuchsanordnung:
Zur Durchführung der Wassersäulenversuche stand ein von der Firma Louis Schopper, Leipzig geliefertes Gerät mit einer genauen Gebrauchsanweisung zur Verfügung. Der in Bild 7 und 7a dargestellte Apparat besteht im wesent-

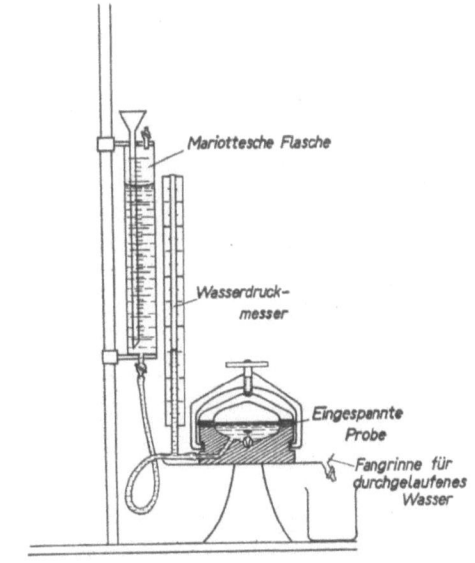

Bild 7. Wassersäulenversuch. Schematische Darstellung des Gerätes nach Schopper

lichen aus einer ringförmigen Einspannvorrichtung, die im Lichten genau 100 cm² mißt und durch einen Gummischlauch mit einer Mariotteschen Flasche verbunden ist. Durch Heben der Mariotteschen Flasche kann ein von unten wirkender Wasserdruck einstellbarer und meßbarer Höhe auf die Stoffprobe ausgeübt werden. Das durchgelaufene Wasser kann sowohl an der Graduierung der Mariotteschen Flasche abgelesen als auch in einer Fangrinne gesammelt und im Meßzylinder nachgemessen werden.

Untersuchung verschiedener Einflüsse auf die Versuchsergebnisse

Die Arbeitsvorschrift, die eine große Zahl zu beachtender Handgriffe und Vorsichtsmaßregeln enthält, gibt als Maßzahl für die Wasser-

Zahlentafel 10. Wassersäulenversuch

Bezeichnung der Probe		Wasser-druck-höhe cm	Zahl der Einzel-werte	Stündlich durchgelaufene Wassermenge[1]	
				Mittelwert cm³	Durchschnittliche Abweichung vom Mittelwert ± %
Nr.	Stoffart				
GW 4	Schirmstoff(reine Seide)	10	5	3,1	42,5
	,,	15	6	121	39,2
VDO 1	Gabardine (Wolle)	10	4	235	44,6
2	,,	15	8	9,2	79,0
3	,,	15	4	12,5	34,3
R 1	Tuch	5	2	465	35,5
3	(Wolle)	15	2	608	34,2
4	,,	10	3	143	84,0
5	Loden	10	3	710	21,0
6	(Wolle)	10	2	396	21,2
7	,,	10	3	497	114,6
8	,,	13	2	594	13,7
FW 1	Zeltbahn	10	6	10,0	13,3
2	(Baumwolle)	50	6	1,3	15,0
3	,,	20	2	1,1	11,5
3	,,	25	1	—	—
3	,,	30	3	3,8	26,3
5	,,	50	9	4,8	19,6
				Mittelwert	38,2

[1] Versuchsdauer 24 Std., soweit keine besonders hohe Wasserdurchlässigkeit vorlag.

Bild 7a. Apparat zur Prüfung von Geweben auf Wasserdurchlässigkeit. (Aufn. Schopper)

dichtigkeit der zu prüfenden Probe diejenige Wassermenge an, die bei einem Wasserdruck von 10 cm in 1 Std. durch das Stoffmuster tritt. Bei sehr durchlässigen Geweben kann auch eine kleinere Zeiteinheit, z. B. eine Minute gewählt werden.

Diese theoretisch so einfache Definition läßt sich indessen nur in seltenen Fällen anwenden, da die Druckhöhe von 10 cm für die normalerweise auf Wasserdichtigkeit zu prüfenden Gewebe — Segeltuche, Wagenplanen, Zeltbahnstoffe u. ä. — viel zu gering ist; der Wasserdruck wurde daher bei den vorliegenden Untersuchungen stets soweit erhöht, daß überhaupt Wasser durch das Gewebe trat. Bei besonders gut imprägnierten, dichten Geweben ließ sich diese Grenze nicht erreichen, da die Höhe des Stativs nur einen maximalen Wasserdruck von 50 cm zuließ. Durch diese Verschiedenheit der Wasserdruckhöhe sind naturgemäß die Versuchsergebnisse nur beschränkt vergleichbar. Der Durchlauf des Wassers ist überdies trotz gleichbleibenden Wasserdrucks kein gleichförmiger. Bei Berechnung der stündlich durchlaufenden Wassermenge aus der 1. und etwa der 24. Stunde eines länger dauernden Versuchs können Abweichungen von mehreren 100% auftreten. Soweit die Durchlässigkeit es gestattete, wurden daher die Versuche auf 24 Stunden ausgedehnt und als Maß der aus der Gesamtmenge des durchgelaufenen Wassers berechnete Durchschnitt angegeben. In Zahlentafel 10 sind einige an verschiedenen Stoffarten gewonnene Versuchsergebnisse zusammengestellt, wobei besonders auffällig die große Abweichung der Einzelwerte vom Mittelwert ist.

Die verhältnismäßig große Streuung der Ergebnisse dürfte zum größten Teil auf die Ungleichmäßigkeit der Gewebe zurückzuführen sein, die sich bei der kleinen Prüffläche besonders stark auf die Einzelergebnisse auswirkt. Dieser Einfluß der „Webefehler" ist in der Literatur bei der „Wasserdicht"-Prüfung bereits öfter erwähnt worden mit der Angabe, daß an solchen Stellen durchdringende Wassertropfen nicht gerechnet werden sollten. Solche Fehler lassen sich beim Wassersäulenversuch mit Sicherheit nur erkennen, wenn sie besonders auffällig sind; doch ist die Grenze schwer zu ziehen, welche Versuche als fehlerhaft auszuschalten sind. Als eine weitere Fehlerquelle ist die Einspannvorrichtung zu erwähnen. Durch die Pressung der Fäden zwischen den Dichtungsringen entstehen häufig an den Rändern undichte Stellen, die zweifellos vorher nicht im Gewebe vorhanden gewesen sind. Wenn die Beurteilung des Gewebes nach dem Zeitpunkt der ersten durchtretenden Wassertropfen erfolgt, können solche am Rande austretenden Tropfen aus der Bewertung ausgeschaltet werden, jedoch nicht, wenn das gesamte durchgelaufene Wasser zur Bewertung herangezogen wird. Derartige Versuche wurden stets als mißglückt angesehen und verworfen.

Ein weiterer Fehler von nicht genau abzuschätzendem Umfang bildet bei längerer Versuchsdauer die Änderung in der Wasserdruckhöhe. Temperaturänderungen können hierbei sowohl die Druckhöhe beeinflussen als auch das Ergebnis durch ungenaue Volumenablesung fälschen. Bei einem wollenen Stoff wurde bemerkt, daß beim allmählichen Eindringen der Feuchtigkeit in den Stoff durch Zusammenziehung des Gewebes Druckerhöhungen bis zu 50 mm auftraten. — Die durch diese Einflüsse in ihrer Genauigkeit beeinträchtigte Ablesung des Wasserstandes könnte vielleicht durch die Messung des wirklich durchgelaufenen Wassers ersetzt werden, wenn nicht das Ablaufen des Wassers durch die Einspannvorrichtung erschwert wäre.

Zusammenfassend kann gesagt werden, daß der Wassersäulenversuch gegenüber dem Muldenversuch, den er ersetzen sollte, nur den Vorteil geringeren Stoffverbrauchs hat. Die geringe Prüffläche ist jedoch andererseits von erheblichem Nachteil, da sich hierdurch die Ungleichmäßigkeit des Stoffes in einer starken Streuung der Ergebnisse bemerkbar macht.

3. Wasserdruckversuch

Versuchsanordnung:

Das zur Durchführung der Wasserdruckversuche benutzte Gerät war im Amt nach dem Vorbild eines in der ehemaligen königl. Zentralstelle für Textilindustrie in Tempelhof[1] entwickelten Apparates gebaut und laufend zu Untersuchungen verwendet worden. Die hauptsächlichsten Einzelteile des in den Bildern 8 und 9 wiedergegebenen Gerätes sind:
1. Die Einspannvorrichtung für runde Stoffscheiben mit 100 cm² freier Prüffläche (am verwendeten Gerät sind 3 Prüfflächen nebeneinander geschaltet), und
2. ein Niveaugefäß, das mit Hilfe einer Kurbelvorrichtung gehoben und gesenkt werden kann, und dessen Höhe über der Prüffläche an einem Maßstab abgelesen wird.

Die Prüfung wird so ausgeführt, daß die Stoffscheiben vorsichtig auf die mit Hilfe des Niveaugefäßes bis zur Höhe des Einspannringes gehobene Wasseroberfläche gelegt

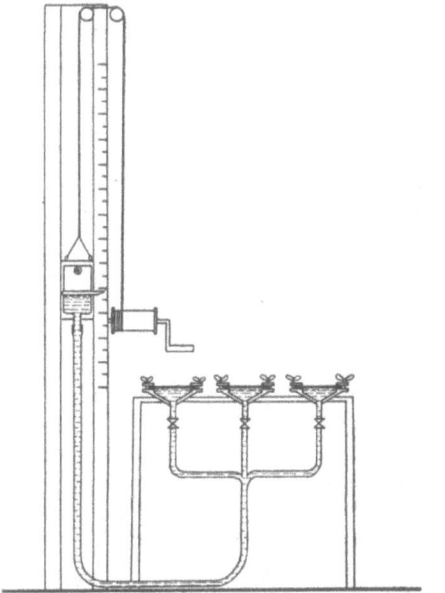

Bild 8. Wasserdruckversuch. Schema der Versuchsanordnung

wird, wobei darauf zu achten ist, daß sich zwischen Wasser und Stoff keine Luftblasen bilden. Die Stoffscheibe wird mit Dichtungsringen und Überwurfmuttern befestigt und durch Heben des Wassergefäßes mit gleichbleibender Geschwindigkeit dem Wasserdruck ausgesetzt, bis die ersten Tropfen durch das Gewebe dringen.

Untersuchung verschiedener Einflüsse auf die Versuchsergebnisse

Für die Gleichmäßigkeit der Ergebnisse ist es erforderlich, die Drucksteigerungs-Geschwindigkeit gleich zu halten. Hierfür wäre die Anbringung einer mechanisch betriebenen Hebevorrichtung wünschenswert. Es wurde jedoch gefunden, daß ein wesentlicher Einfluß der Drucksteigerungsgeschwindigkeit auf den Ausfall der Ergebnisse

---

[1] Aus dieser Zentralstelle entstand später die Textilabteilung des Staatlichen Materialprüfungsamts Berlin-Dahlem.

nur bei wenig wasserdichten Geweben vorhanden ist. Zahlentafel 11 gibt als Beispiel die Zahlenreihen zweier Zeltbahnstoffe wieder, die mit verschiedenen Geschwindigkeiten geprüft worden sind.

Aufnahme: Staatliches Materialprüfungsamt, Berlin-Dahlem
Bild 9. Versuchsanordnung zur Wasserdruckprüfung.

Zahlentafel 11.
Wasserdruckversuch: Einfluß der Geschwindigkeit der Drucksteigerung

Bezeichnung der Proben		Drucksteigerungsgeschwindigkeit	Wassersäulenhöhe beim Durchdringen des			
			1. Tropfens		3.–4. Tropfens	
Nr.	Stoffart	cm/min	cm	Mittlere Abweichung ± %	cm	Mittlere Abweichung ± %
FW 4	Zeltbahn (Baumw.)	2	11	4,4	12	0
		5	14	8,2	15	0,2
		10	17	7,8	18	0
		20	22	0	22	0
		50	27	4,4	27	4,4
FW 6	Zeltbahn (Baumw.)	2	44	8,2	54	0,9
		5	43	10,2	50	7,0
		10	47	6,6	56	1,4
		20	44	9,1	54	7,5
		50	55	5,6	58	2,1
		Mittelwert		6,4		2,4

Eine dieser Untersuchungsreihen ist außerdem in Bild 10 noch graphisch ausgewertet worden. Aus dem geraden Verlauf der Kurve ergibt sich eine gesetzmäßige logarithmische Abhängigkeit der Druckhöhe von der Belastungsgeschwindigkeit.

Für die Erzielung einer angemessenen Prüfgeschwindigkeit, besonders bei dichteren Geweben, konnte daher die bisher bei der amtlichen Prüfung verwendete Drucksteigerung von 10 cm Wassersäule in der Minute beibehalten und bei den für die Prüfung auf Wasserdichtheit in Frage kommenden Stoffen angewandt werden.

Ein Einfluß der Prüfflächengröße ist theoretisch aus zweierlei Gründen denkbar. Erstens steigt mit der Größe der Prüffläche die Wahrscheinlichkeit des Vorkommens undichter Stellen. Zweitens tritt durch den Wasserdruck eine Deformation des Stoffes ein, die sich durch eine Aufwölbung (Wölbhöhe h) bemerkbar macht.

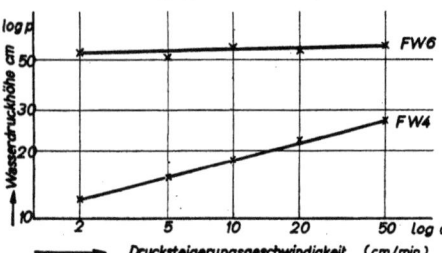

Bild 10. Wasserdruckversuch. Einfluß der Drucksteigerungsgeschwindigkeit auf die Wasserdruckhöhe beim Durchtreten des 3.—4. Tropfens.
FW 4 Zeltbahnstoff unimprägniert   FW 6 Zeltbahnstoff imprägniert

Diese Aufwölbung entspricht einer bestimmten Stoffdehnung, die mit wachsendem Radius r der Prüffläche größer wird, weil bei gleichem Wasserdruck p die Stoffspannung K entsprechend nach

$$K = p\,\frac{r^2 + h^2}{4h}$$

steigt. Es müssen sich also bei größeren Prüfflächen, weil ja die Wasserdichtigkeit nach dem Druckversuch eine Funktion der Stoffdehnung ist, geringere Wasserdrücke ergeben. Da die in Frage kommenden Wasserdrücke bei den im allgemeinen wenig dehnbaren wasserdichten Stoffen nur geringe Deformationen hervorbringen, über deren Auswirkung auf das Gewebegefüge und die Dichtigkeit zuverlässige Untersuchungen bisher nicht bekannt sind, wurden einige Stoffe bei 50 und 100 cm² Prüffläche im Wasserdruckversuch geprüft. Wie aus der Zahlentafel 12a hervorgeht, ist zwar der erwartete Einfluß — geringere Wasserdrücke bei größerer Prüffläche — vorhanden, jedoch bei Stoffen mit geringer bis mittlerer Dehnbarkeit so gering, daß er praktisch vernachlässigt werden kann. Nur bei wasserdichten Stoffen mit größerer Dehnbarkeit als 1% bei dem betreffenden Wasserdruck, wie dies z. B. beim Brotbeutelstoff in Zahlentafel 12a der Fall ist (1,8%), ist eine merkliche Erhöhung des Wasserdrucks bei kleineren Prüfflächen zu erwarten. — Trotzdem erscheint es zweckmäßig, die Prüfflächengröße einheitlich festzulegen, und zwar wie bisher üblich mit 100 cm².

Zahlentafel 12a
Wasserdruckversuch: Einfluß der Prüfflächengröße

Probenmaterial	Größe der Prüffläche cm²	Wassersäulenhöhe beim Durchdringen des			
		1. Tropfens cm	2. Tropfens cm	3. Tropfens cm	4. Tropfens cm
Zeltbahnstoff imprägniert 360 g/m²	50	36	42	45	45
	100	37	43	44	44
Brotbeutelstoff imprägniert 340 g/m²	50	42	46	46	50
	100	40	43	45	45
Wollgabardine imprägniert 340 g/m²	50	26	29	29	29
	100	26	27	27	28

Der gegen die Wasserdruckprobe wegen der höheren Wasserdrücke wiederholt erhobene Einwand der Deformation des Stoffes wurde außerdem noch auf dem Berstdruckprüfer durch Bestimmung der Wölbhöhe und Berechnung der Dehnung bei dem für jeden Stoff maximalen Wasserdruck (Durchlaufen des 4. Tropfens) untersucht. Die in der Zahlentafel 12 wiedergegebenen Versuchsergebnisse zeigen, daß dieser Einfluß sicher überschätzt worden ist, da sich die Dehnungen im Durchschnitt um 1% herum bewegen und 2% nicht überschreiten.

Zahlentafel 12.
Stoffdehnung beim Wasserdruckversuch

Bezeichnung der Proben		Maximaler Druck cm WS	Wölbhöhe[1] mm	Dehnung %
Nr.	Stoffart			
FW 1	Zeltbahn (Baumwolle)	10	2,0	0,1
2	,,	61	7,0	1,0
3	,,	59	5,0	0,5
4	,,	58	4,5	0,4
5	,,	18	4,7	0,5
6	,,	28	7,0	1,0
7	,,	56	6,7	0,9
8	,,	56	8,1	1,4
9	,,	62	9,4	1,8
10	,,	40	3,8	0,3
11	,,	34	5,0	0,5
12	,,	23	4,4	0,4
S 1	Wagenplane (Baumw.)	61	3,6	0,3
2	,,	105	6,4	0,8
3	,,	29	5,1	0,6
4	,,	58	6,4	0,8
R 1	Tuch (Wolle)	13	6,8	1,0
2	,,	19	8,4	1,5
3	,,	20	7,6	1,2
4	,,	17	7,5	1,2
5	Loden (Wolle)	18	8,2	1,4
6	,,	22	8,9	1,6
7	,,	22	9,2	1,7
8	,,	20	8,6	1,5
VDO 1	Gabardine (Wolle)	24	9,4	1,8
2	,,	30	9,5	1,8
3	,,	28	9,5	1,8
GW 1	Mantelstoff (Kunstsd.)	7	4,2	0,4
2	,,	17	6,1	0,8
3	Regenschirmseide (reine Seide)	9	5,4	0,6
4	,,	40	7,6	1,2
G 1	Regenschirmstoff (Kunstseide)	17	7,0	1,0
2	,,	19	8,0	1,3

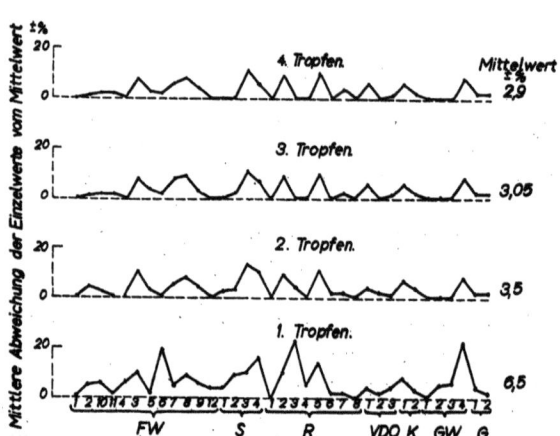

Bild 11. Wasserdruckversuch. Abhängigkeit der Streuung der Ergebnisse von der Bewertung nach dem 1.—4. Tropfen

---

[1] Die Wölbhöhe wurde auf dem Berstdruckprüfer nach Schopper-Dalén bei einer freien Prüffläche von 100 cm² bestimmt und zwar im feuchten Zustand (nach 5 Minuten langem Einlegen des Stoffes in Wasser).

Versuchsergebnisse: Auch für die Wasserdruckversuche kam nur ein Teil des Versuchsmaterials in Frage. Die Versuchsergebnisse sind in der Zahlentafel 13 zusammengestellt.

Zahlentafel 13.
Ergebnisse des Wasserdruckversuches

Bezeichnung der Proben		Höhe der Wassersäule beim Durchdringen des			
		1. Tropfens		3.—4. Tropfens	
Nr.	Stoffart	cm	Mittlere Abweichung ± %	cm	Mittlere Abweichung ± %
FW 1	Zeltbahn (Baumwolle)	10	0	10	0
2	,,	56	4,8	61	1,4
3	,,	27	9,9	28	7,7
4	,,	13	6,5	18	0
5	,,	47	1,8	56	3,3
6	,,	42	19,0	56	2,0
7	,,	54	5,2	62	7,0
8	Brotbeutelstoff (Baumw.)	35	9,0	40	8,3
9	,,	32	5,7	34	3,2
10	Zeltbahn (Baumwolle)	52	6,4	59	2,2
11	,,	52	2,6	58	2,3
12	,,	21	4,5	23	0
S 1	Wagenplane (Baumwolle)	52	4,4	61	0
2	,,	87	9,2	105	0,9
3	,,	26	10,2	29	10,9
4	,,	43	15,5	58	6,2
R 1	Tuch (Wolle)	12	0	13	0
2	,,	17	10,0	19	9,0
3	,,	15	23,0	20	0
4	,,	16	5,3	17	0
5	Loden (Wolle)	16	13,5	18	10,3
6	,,	21	2,2	22	0
7	,,	21	2,2	22	2,6
8	,,	20	0	20	0
VDO 1	Garbardine (Wolle)	23	4,1	24	5,6
2	,,	28	2,4	30	0
3	,,	27	3,7	28	1,4
K 1	Kleiderstoff (Baumwolle)	24	7,6	25	5,6
2	,,	28	3,1	30	2,2
GW 1	Mantelstoff (Kunstseide)	7	0	7	0
2	,,	16	5,3	17	0
3	Schirmstoff (reine Seide)	9	5,6	9	0
4	,,	26	21,8	40	7,9
G 1	Schirmstoff (Baumwolle)	16	4,2	17	2,3
2	,,	18	2,2	19	2,1
	Mittelwert		6,5		3,0

Freie Prüffläche 100 cm², Belastungsgeschwindigkeit 10 cm WS/min.
Die Zahlen sind Mittelwerte aus 3—4 Einzelversuchen.

Aus den Zahlenwerten geht hervor, daß die Gleichmäßigkeit der Versuchsergebnisse beträchtlich erhöht werden kann, wenn nicht der erste, sondern erst der dritte und vierte Tropfen zur Bewertung der Wasserdichtheit herangezogen wird (Bild 11). Daß die Streuung der Zahlen nicht auf die ungenaue Versuchsmethodik, sondern im wesentlichen auf Ungleichmäßigkeiten des Stoffes zurückzuführen ist, wurde durch die Beobachtung belegt, daß unimprägnierte Stoffe stets gleichmäßigere Werte liefern als imprägnierte. Offenbar verursacht die Imprägnierung eine Verstärkung der Unterschiede in der Wasserdurchlässigkeit (Porengröße u. ä.) an den verschiedenen Stellen der Stoffbahn. Daß die Zahlenwerte, die ja bei imprägnierten Stoffen stets wesentlich höher sind, nicht nur an sich stärker streuen (wie es natürlich ist), sondern auch die prozentuale mittlere Abweichung der Einzelwerte

vom Mittelwert größer ist, beweist eine Versuchsserie an je 12 Stoffmustern derselben Gewebebahn (Zahlentafel 14, Bild 12).

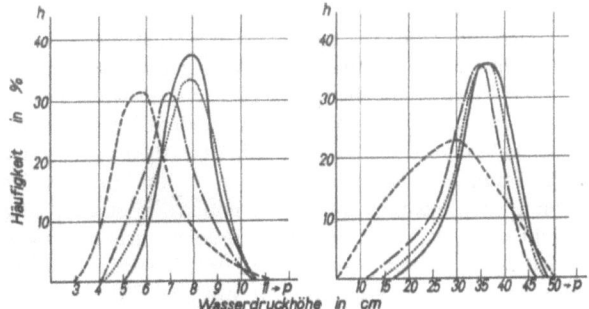

Bild 12. Wasserdruckversuch. Streuung der Einzelwerte.
Regenmantelstoff (Seide):
GW 3 unimprägniert   GW 4 imprägniert
1. Tropfen — — —   2. Tropfen —·—   3. Tropfen ......   4. Tropfen ——

Zahlentafel 14
Abhängigkeit der Streuung von der Bewertungsart beim Wasserdruckversuch

Bezeichnung der Proben		Höhe der Wassersäule beim Durchdringen des		Mittlere Abweichung beim	
Nr.	Stoffart	1. Tropfens cm	3.—4. Tropfens cm	1. Tropfen ± %	3.—4. Tropfen ± %
GW 3	Schirmstoff (reine Seide) unimprägniert.....	6	7,5	19,1	7,2
GW 4	Schirmstoff (reine Seide) imprägniert.....	23,5	32	22,9	15,9

Zusammenfassung:

Von den Verfahren zur Prüfung auf Wasserdichtheit gibt die Wasserdruckprobe die zuverlässigsten Ergebnisse. Da der Stoffverbrauch und die zur Durchführung der Prüfung benötigte Zeit verhältnismäßig gering sind, läßt sich durch Vermehrung der Versuchszahl die Genauigkeit der Ergebnisse in gewissen Grenzen erhöhen. Die einwandfreie Abstufung der Gütezahlen gestattet im Gegensatz zu allen anderen „Wasserdicht"-Prüfungen die Prüfung und Bewertung auch besonders dichter Gewebe.

D. „Wasserabweisend"-Prüfung.

1. Tauchverfahren

a) Eßlinger Tauchverfahren

Versuchsanordnung:

Das Versuchsgerät kann mit einfachsten Mitteln in jedem Laboratorium entsprechend der Schemazeichnung

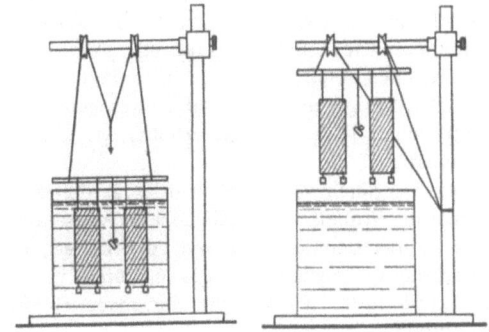

Bild 13. Eßlinger Tauchversuch. Versuchsanordnung für 2 Muster

Bild 13 zusammengestellt werden. Es besteht aus einem entsprechend großen Wasserbehälter und einer Aufhängevorrichtung für die Proben, die mit Hilfe einer über Rollen laufenden Schnur gehoben und herabgelassen werden kann. Die beiden Probestücke hatten eine Größe von 15 × 5 cm und wurden mit zwei Anhängegewichten, die je etwa 1/50 des Quadratmetergewichtes betrugen, unter leichter Spannung gehalten. Der Versuch wurde so vorgenommen, daß die Proben zunächst 10 s lang unter zweimaligem raschen Herausheben und Wiedereinsenken unter Wasser gebracht wurden. Das anhängende Wasser wurde durch dreimaliges Fallenlassen eines an der Aufhängevorrichtung mit einem 10 cm langen Faden befestigten 50 g-Gewichtes abgespritzt und die Muster zurückgewogen. Mit denselben Proben wurde darauf der Versuch in gleicher Weise einmal mit 20 s und dreimal mit 30 s Eintauchdauer wiederholt. Jedesmal mußten zur Bewegung des Wassers und zur Vertreibung hartnäckig anhängender Luftblasen die Gewebe zweimal herausgehoben und wieder eingetaucht werden.

Untersuchung verschiedener Einflüsse:

Mit Hilfe dieser einfachen Einrichtung können nicht nur Gewebe und Gewirke auf ihre wasserabweisenden Eigenschaften geprüft werden, sondern auch Garne und Zwirne aller Art.

Bei der Garnprüfung wurden, um das Eindringen des Wassers zu erleichtern und eine gleichmäßigere Benetzung

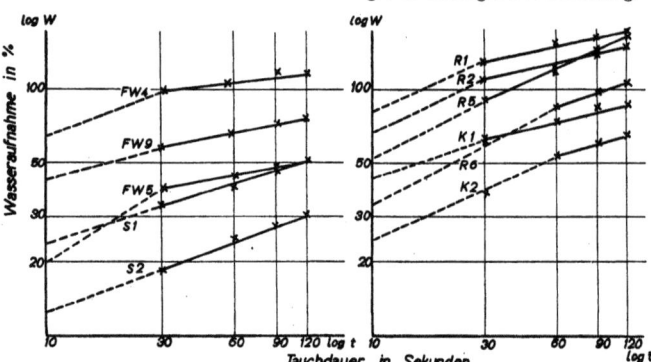

Bild 14. Eßlinger Tauchversuch. Zeitabhängigkeit der Wasseraufnahme

	nicht imprägniert	imprägniert
Zeltbahn (Baumwolle)	FW 4	FW 5 u. 6
Wagenplane (Baumwolle)	S 1	S 2
Tuch (Wolle)	R 1	R 2
Loden (Wolle)	R 5	R 6
Kleiderstoff (Baumwolle)	K 1	K 2

der Garne zu sichern, zunächst die Garne unter gleichmäßiger, gemessener Spannung auf Drahtrahmen von etwa 12 × 6 cm in Mengen von 2—3 g aufgewickelt. Die bewickelten Rahmen wurden dann im ganzen gewogen und nach dem Versuch das Gewicht der Drahtrahmen vom Gesamtgewicht abgezogen. Versuchsweise wurden zunächst auch einfach kleine Strängchen von 16,5 cm Länge gewickelt, deren Gewicht 2—4 g betrug. Für die Prüfung dieser Strängchen genügte das etwa 10fache Gewicht nicht ganz als Belastung, es wurde daher wenigstens für das erste Eintauchen jeweils soweit erhöht, daß das Strängchen untersank.

Bei den Vergleichsversuchen wurde für die im Strang aufgewickelten Proben stets eine höhere Wasseraufnahme gefunden als bei den auf Rahmen gewickelten; dagegen war die Streuung bei den Strängchen kleiner.

Im Durchschnitt wurden für die Streuung folgende Werte gefunden:

Mittlere Abweichung der Einzelwerte vom Mittelwert { beim Tauchversuch im Strang . . . ±3,25%
beim Tauchversuch auf Rahmen . . ±4,8%

Da die Strängchenprüfung nicht nur einfacher ist, sondern auch gleichmäßigere Ergebnisse liefert, wurde sie späterhin ausschließlich angewandt.

Das geringe Probengewicht der für die Tauchversuche verwendeten Gewebemuster und Garnsträngchen macht ein sorgfältiges Arbeiten notwendig, insbesondere muß darauf geachtet werden, daß die Proben rasch abgenommen und in gut schließende Wägegläser gebracht werden, da

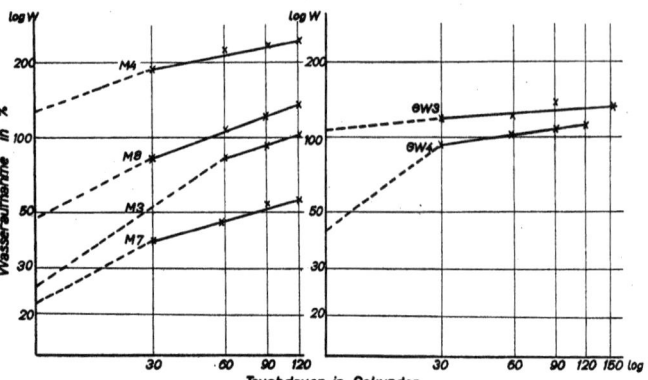

Bild 15. Eßlinger Tauchversuch. Zeitabhängigkeit der Wasseraufnahme

		nicht imprägniert	imprägniert
Wirkware (Wolle)	rot	M 4	M 3
	blau	M 8	M 7
Regenschirmstoff (Seide)		GW 3	GW 4

schon einzelne, nachträglich abfallende Tropfen das Gewicht merklich beeinflussen. Bei hohem Wassergehalt und langsamem Arbeiten wurden Abweichungen von im Durchschnitt 10% festgestellt, um die die Wasseraufnahme der zuletzt abgenommenen Probe geringer war als die der ersten. Dieser Fehler kann dadurch ganz vermieden werden, daß sofort nach dem Abspritzen unter jede Probe das zugehörige Wägeglas gestellt wird, so daß etwa abfallende Tropfen nicht verlorengehen. Ein Versuch, das dreimalige Abspritzen mit Hilfe des herabfallenden Gewichtes durch Aushängen von 2 Minuten Dauer zu ersetzen, hatte keine besseren Ergebnisse. Die mittlere Abweichung der Einzelwerte vom Mittelwert stieg dadurch von 2,6% auf 5,5%.

Mit zunehmender Tauchdauer steigt die Wasseraufnahme, und zwar im wesentlichen nach einer parabolischen Funktion, wie aus der graphischen Darstellung im doppeltlogarithmischen Koordinatensystem (Bild 14, 15) hervorgeht.

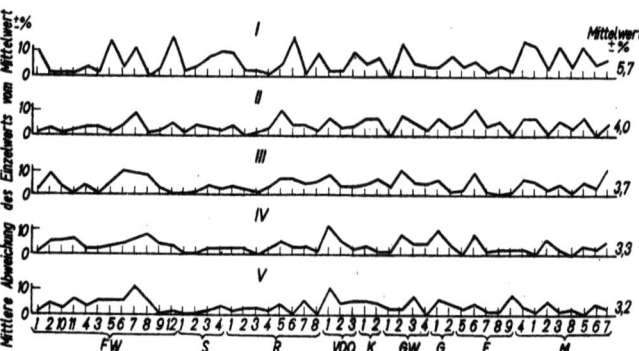

Bild 16. Eßlinger Tauchversuch. Abhängigkeit der Streuung in der Wasseraufnahme von der Tauchdauer. Gewebe und Wirkwaren

Tauchdauer I—10 s, II—30 s, III—60 s, IV—90 s, V—120 s

Versuchsergebnisse:

Trotz der primitiven Apparatur und der einfachen Arbeitsweise sind die erhaltenen Werte sehr wohl zu Vergleichszwecken brauchbar. In Zahlentafel 15 sind neben

"Wasserabweisend"-Prüfung

den an sämtlichen Geweben und Gewirken erhaltenen Zahlenangaben für die Wasseraufnahme die mittleren Abweichungen der Einzelwerte vom Mittelwert angegeben (Bild 16). Der Mittelwert aus den in dieser Spalte angegebenen Zahlen ist mit 3,2 im Vergleich zu den mit wesentlich komplizierteren Versuchsanordnungen arbeitenden übrigen Verfahren nicht hoch.

späterhin noch bei den in Frage kommenden anderen Prüfverfahren näher erörtert werden wird, nicht ohne weiteres zu erwarten.

In der Einfachheit der Versuchsanordnung und im sparsamen Stoffverbrauch wird das Eßlinger Tauchverfahren von keinem der anderen Prüfverfahren übertroffen. Trotz der Möglichkeit subjektiver Fehler kann daher dieses

Zahlentafel 15
Ergebnisse der Versuche mit dem Esslinger Tauchverfahren (Gewebe und Gewirke)

Nr.	Bezeichnung der Proben Stoffart	Wasseraufnahme in % nach einer Tauchdauer von (s)					Mittlere Abweichung der Versuchsergebnisse ±% nach einer Tauchdauer von (s)				
		10	30	60	90	120	10	30	60	90	120
FW 1	Zeltbahn (Baumwolle)	30	56	67	73	81	10,0	1,4	1,6	0,7	0,7
2	,,	7	13	19	24	28	1,4	3,4	7,6	4,7	4,1
3	,,	13	28	32	39	40	0,8	2,8	0	1,7	4,7
4	,,	66	100	111	118	120	3,3	3,3	3,1	1,6	3,3
5	,,	20	40	44	47	52	14,0	1,3	4,5	2,8	5,2
6	,,	20	31	45	51	53	3,3	4,2	8,9	4,0	4,9
7	,,	28	41	51	56	59	11,4	8,6	8,5	6,0	11,0
8	Brotbeutelstoff (Baumwolle)	25	34	46	53	59	12,0	0,9	6,8	8,2	5,6
9	,,	43	58	66	72	77	3,2	2,0	2,1	3,6	0
10	Zeltbahnstoff (Baumwolle)	15	27	34	38	42	1,0	0,9	3,2	4,8	1,8
11	,,	17	27	33	37	40	1,2	1,7	0,2	5,9	5,9
12	,,	43	59	63	66	66	16,0	5,0	0,5	3,4	0,8
S 1	Wagenplane (Baumwolle)	23	33	40	46	52	2,1	1,4	0,4	0	0,5
2	,,	12	19	24	28	31	4,4	4,0	0,6	0,3	0,5
3	,,	35	55	69	80	86	7,8	3,3	3,2	1,6	0,8
4	,,	24	45	52	62	64	10,0	1,8	2,2	1,5	3,1
R 1	Tuch (Wolle)	78	127	147	156	166	9,4	4,4	2,6	2,1	1,2
2	,,	65	104	119	133	141	2,4	0,2	2,1	2,3	2,5
3	,,	49	77	92	106	107	1,5	1,2	1,1	0,3	1,7
4	,,	52	84	100	105	115	1,2	3,4	3,0	2,0	1,4
5	Loden (Wolle)	52	90	119	136	155	4,8	10,3	5,7	4,8	3,9
6	,,	34	58	80	93	100	15,5	4,5	6,5	8,2	0,2
7	,,	26	51	63	80	85	1,1	4,2	4,1	2,6	5,2
8	,,	27	42	65	84	85	9,1	1,5	5,4	0,6	0,3
VDO 1	Gabardine (Wolle)	24	45	58	63	71	1,6	7,1	7,7	11,2	10,6
2	,,	19	33	46	54	57	1,5	3,2	2,7	5,2	4,4
3	,,	31	47	52	57	59	10,1	3,8	2,9	1,8	4,8
K 1	Kleiderstoff (Baumwolle)	42	61	69	79	82	4,9	7,2	3,8	3,3	5,2
2	,,	23	36	51	58	61	7,7	7,3	5,8	1,0	4,0
GW 1	Mantelstoff (Kunstseide)	73	79	85	84	80	0,4	0	3,1	1,0	1,5
2	,,	28	44	53	55	56	12,8	7,8	10,3	8,4	2,0
3	Schirmstoff (reine Seide)	109	122	125	140	136	5,4	5,3	4,6	4,2	7,3
4	,,	44	97	105	113	119	1,9	2,5	4,1	3,6	0,4
G 1	Schirmstoff (Baumwolle)	48	59	64	72	77	1,5	6,7	5,6	10,2	5,8
2	,,	18	37	49	59	64	7,6	3,4	1,1	3,5	4,4
F 5	Wirkware (Baumwolle)	466	559	590	570	592	3,5	4,5	1,7	0,2	1,6
6	,,	196	172	216	240	266	5,9	10,6	8,6	8,3	4,5
7	Wirkware (Wolle)	95	156	179	185	196	2,0	3,9	1,0	1,0	0,7
8	,,	41	72	92	111	124	3,5	6,0	0,3	2,3	1,2
9	,,	29	58	84	102	91	2,5	0,5	1,0	2,0	7,5
M 1	Wirkware (Wolle)	48	94	141	171	173	12,7	6,7	4,6	0	0,9
2	,,	73	104	148	176	201	3,0	0,9	1,4	6,2	5,2
3	,,	26	50	83	92	104	12,0	6,5	3,6	1,7	1,1
4	,,	130	194	228	234	248	14,1	7,4	5,8	1,8	3,1
5	,,	31	52	68	78	82	11,5	8,5	4,8	3,4	0,3
6	,,	26	45	60	70	76	5,0	0,4	3,2	2,2	3,6
7	,,	22	38	46	54	58	6,7	4,6	10,0	4,9	2,1
8	,,	47	82	109	124	139	4,1	3,4	0,7	0,4	1,9
	Mittelwert						5,7	4,1	3,7	3,2	3,2

Auch die Garne, die — wie oben beschrieben — sowohl in Strängchenform als auch auf kleine Rahmen gewickelt geprüft wurden, gaben sehr gut brauchbare Vergleichszahlen, die in Zahlentafel 16 aufgeführt sind. (Siehe Seite 18.)

Besonders zu bemerken ist bei den Garnprüfungen, daß die Unterschiede zwischen unimprägnierten und imprägnierten Garnen sowie zwischen den verschiedenen Imprägnierungsarten gut festzustellen sind. Dies ist, wie

Prüfverfahren für betriebsmäßige Kontrollen immerhin von Wert sein.

b) Tauchverfahren nach Becker

Versuchsanordnung:

Etwas komplizierter in der Versuchsanordnung (das Gerät ist in einer Werkstatt gebaut) ist das Tauchverfahren nach Becker. Die Versuchsdurchführung ist jedoch ebenso einfach und die anzuwendende Zeit kurz. Bild 17

Überprüfung der Verfahren

Zahlentafel 16
Ergebnisse der Versuche nach dem Esslinger Tauchverfahren (Garne)

Bezeichnung der Proben		R = auf Rahmen, S = im Strang	Wasseraufnahme in % nach einer Tauchdauer von (s)					Mittlere Abweichung der Versuchsergebnisse in ± % nach einer Tauchdauer von (s)				
Nr.	Garnart		10	30	60	90	120	10	30	60	90	120
F 1	Baumwolle	R	111	168	194	215	223	12,1	11,0	13,9	10,7	9,5
		S	173	254	288	308	316	13,3	12,9	3,8	4,3	0,3
2	,,	R	288	396	424	450	439	4,6	5,2	2,6	0,5	2,0
		S	349	446	465	494	496	0,4	2,6	1,0	2,7	0,1
3	Wolle	R	209	281	311	327	336	0	2,0	0,9	2,5	1,2
		S	248	354	394	386	396	2,5	2,7	3,0	2,1	0,5
4	,,	R	204	267	290	308	308	1,4	3,3	0,4	2,1	0,8
		S	269	310	340	357	384	3,6	5,3	0	3,6	0,7
M 1	Wolle	R	177	249	281	274	276	3,2	1,5	4,8	3,3	1,7
		S	307	274	307	308	323	15,5	3,6	1,3	7,6	3,9
2	,,	R	122	152	170	192	196	15,5	21,0	3,8	5,8	1,8
		S	182	226	235	255	258	1,7	3,8	1,4	3,5	0,2
3	,,	R	134	158	204	214	238	2,5	4,2	5,8	7,4	15,2
		S	187	210	245	244	266	0,7	1,4	3,6	2,2	2,3
4	,,	R	147	250	204	191	196	4,2	12,5	1,7	3,5	2,3
		S	103	149	184	194	210	1,4	1,6	2,6	1,6	0,3
5	,,	R	318	393	389	423	418	2,3	5,5	2,4	1,8	3,5
		S	424	398	429	440	455	9,2	4,8	1,8	3,7	6,1
6	,,	R	214	323	372	380	398	11,2	9,6	8,3	7,3	10,1
		S	292	432	374	398	410	11,6	1,8	0,3	0,1	1,8
7	,,	R	202	291	350	385	415	2,3	4,5	1,8	6,7	1,7
		S	254	338	382	393	417	15,0	7,6	5,6	0,8	3,0
8	,,	R	129	206	232	257	270	1,7	2,5	1,1	2,9	0,9
		S	182	250	276	306	306	4,7	2,9	4,2	1,2	5,7
Mittelwerte		Rahmen:						5,1	6,9	4,0	4,5	4,2
		Strang:						6,6	4,2	2,4	2,8	2,1

Aufnahme: Staatliches Materialprüfungsamt, Berlin-Dahlem
Bild 18. Tauchapparat nach Becker. a = Schwungscheibe mit aufgespannten Proben, b = Geschwindigkeitsmesser, c = Wasserbad

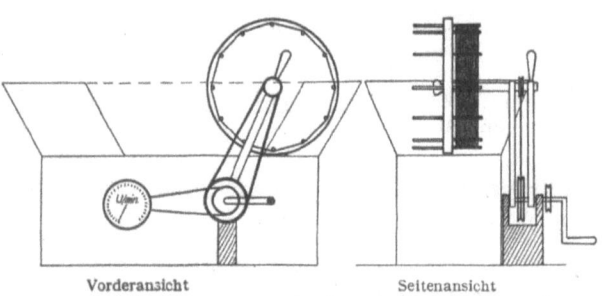

Vorderansicht   Seitenansicht
Bild 17. Versuchsgerät zum Tauchverfahren nach Becker

und 18 zeigen den Apparat vor Beginn des Versuchs. Die beiden je 5×75 cm großen Gewebe- bzw. Gewirkproben sind ohne besondere Spannung auf die Schwungscheibe aufgezogen und mit Klammern befestigt. Zum Versuch wird die ganze Einspannvorrichtung umgelegt, so daß ein Teil des Umfanges unter die Oberfläche des in die Blechwanne bis zu einer bestimmten Höhe gefüllten Wassers gebracht wird. Durch Drehen der Schwungscheibe mit gleichbleibender, an einem Tachometer ablesbarer Geschwindigkeit werden die Proben genetzt, dann wieder herausgehoben und bei höherer Umdrehungszahl abgeschleudert. Die abspritzenden Tropfen werden durch ein aufzusteckendes — auf Bild 18 der besseren Übersicht halber abgenommenes — Blech aufgefangen. Zu prüfende Garne werden am besten unter Vorschaltung eines Fadenführers mit gleichmäßiger Spannung auf die Stäbe des Schwungrades aufgeweift. Nach Beendigung des Versuches werden sie, um Wasserverluste zu vermeiden, zur Wägung abgeschnitten.

Untersuchung verschiedener Einflüsse.:

Die Dichte des aufgewickelten Garnes scheint — nach allerdings nur einem Versuch beurteilt — keinen großen Einfluß auf die Wasseraufnahme zu haben, wie aus den Werten in Zahlentafel 17 hervorgeht.

Zahlentafel 17
Tauchverfahren nach Becker: Einfluß der Garn-Wickeldichte

Bezeichnung der Probe	Aufgeweifte Garnmenge[1] g/cm	Wasseraufnahme[2] %
4 fach Strickgarn (Wolle)	0,75	130
,,	0,38	132

[1] Garngewicht je cm Weifbreite.
[2] Tauchtiefe 6 cm, Tauchdauer 1 Minute, Tauchgeschwindigkeit 100 U/min. Schleuderdauer 1 Minute, Schleudergeschwindigkeit 400 U/min.

Ebenso ist die Eintauchtiefe, wenigstens in dem mittleren, bei der vorhandenen Apparatur gut einstellbaren Bereich, ohne Einfluß. Folgende Zahlen sind unter sonst gleichen Versuchsbedingungen bei verschiedener Wasserhöhe gewonnen worden:

Zahlentafel 18
Tauchverfahren nach Becker: Einfluß der Eintauchtiefe

Bezeichnung der Proben		Wasseraufnahme[1] in % bei einer Wasserhöhe von	
Nr.	Stoffart	10 cm (6 cm Eintauchtiefe)	15 cm (11 cm Eintauchtiefe)
M 5	Strickware (Wolle)	26,3	25,6
M 6	,,	16,4	16,4

[1] Sonstige Bedingungen wie Zahlentafel 17.

Die Tauchdauer ist auch beim Tauchverfahren nach Becker für den Betrag der Wasseraufnahme von ausschlaggebender Bedeutung. Wie aus Zahlentafel 19 und Bild 19 hervorgeht, ist auch hier wie beim Eßlinger Tauch-

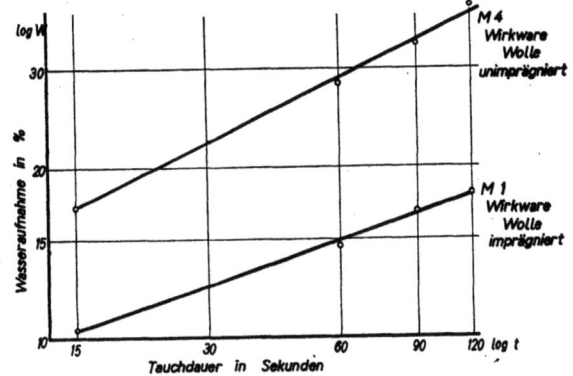

Bild 19. Tauchverfahren nach Becker. Zeitabhängigkeit der Wasseraufnahme

verfahren die Abhängigkeit eine logarithmische, so daß zur Charakterisierung der ganzen Wasseraufnahme-Kurve die Bestimmung von 2—3 Punkten genügt.

Zahlentafel 19
Tauchverfahren nach Becker: Einfluß der Tauchdauer

Bezeichnung der Proben		Wasseraufnahme[1] % nach einer Tauchdauer von (s)				Mittlere Abweichung der Einzelwerte vom Mittelwert ±% nach einer Tauchdauer von (s)			
Nr.	Stoffart	15	60	90	120	15	60	90	120
M 1	Strickware (Wolle)	10,3	14,5	16,8	18,0	6,8	4,9	6,5	1,7
M 4	,,	17,0	29,1	33,2	38,7	1,8	3,4	3,2	3,1

[1] Tauchtiefe 6 cm, Tauchgeschwindigkeit 100 U/min, Schleuderdauer 1 Minute, Schleudergeschwindigkeit 400 U/min.

Bei der Tauchgeschwindigkeit ist hingegen der Unterschied zwischen den normalerweise anwendbaren Umdrehungsgeschwindigkeiten nicht bedeutend, nur bei besonders langsamer Umdrehung wird die Wasseraufnahme wesentlich geringer; die obere Grenze der Umdrehungsgeschwindigkeit ist durch die Tatsache gegeben, daß bei zu rascher Bewegung das Wasser von der Schwungscheibe und den Mustern mitgerissen wird und umherspritzt. Die Versuche wurden bei sonst gleichbleibenden Bedingungen mit 50, 100 und 200 U/min Tauchgeschwindigkeit vorgenommen, ihre Ergebnisse sind in Zahlentafel 20 zusammengestellt.

Zahlentafel 20
Tauchverfahren nach Becker: Einfluß der Tauchgeschwindigkeit

Bezeichnung der Proben		Wasseraufnahme[1] %				mittlere Abweichung ± %			
		bei einer Tauchgeschwindigkeit von (U/min)							
Nr.	Stoffart	50	100	150	200	50	100	150	200
F 9	Wirkware (Wolle)	15,8	34,4	35,6	32,8	36,3	8,7	12,8	3,5

[1] Tauchtiefe 6 cm, Tauchdauer 1 Minute, Schleuderdauer 1 Minute, Schleudergeschwindigkeit 400 U/min.

Die Untersuchung des Einflusses der Schleuderdauer zeigte die zu erwartende Abhängigkeit: mit zunehmender Schleuderdauer nehmen die Werte für die Wasseraufnahme ab. Die Zahlentafel 21 zeigt einige Beispiele für diese Zusammenhänge.

Zahlentafel 21
Tauchverfahren nach Becker: Einfluß der Schleuderdauer

Bezeichnung der Proben		Wasseraufnahme[1] %		Mittlere Abweichung ± %	
		bei einer Schleuderdauer von (s)			
Nr.	Stoffart	60	120	60	120
M 1	Strickgarn (Wolle)	71,0	53,8	3,5	3,0
M 2	,,	68,3	46,5	5,7	3,5
F 2	Wirkgarn (Baumwolle)	114	100	8,5	6,1
F 2	,,	197	185	0,3	5,2
F 3	,,	132	118	2,0	6,2
F 4	,,	90	80	4,2	7,2
	Mittelwert			4,0	5,2

[1] Tauchtiefe 6 cm, Tauchdauer 1 Minute, Tauchgeschwindigkeit 100 U/min, Schleudergeschwindigkeit 400 U/min.

Da jedoch die Gleichmäßigkeit der Ergebnisse durch die längere Schleuderdauer nicht verbessert wird, kann von einer Verlängerung über 1 Minute hinaus abgesehen werden.

Noch größer als der Einfluß der Schleuderdauer ist der der Schleudergeschwindigkeit, wie sich aus den in Zahlentafel 22 angeführten Versuchen ergibt.

Zahlentafel 22
Tauchverfahren nach Becker: Einfluß der Schleudergeschwindigkeit

Bezeichnung der Proben		Wasseraufnahme[1] %			Mittlere Abweichung ± %		
		bei einer Schleudergeschwindigkeit von U/min					
Nr.	Stoffart	100	200	400	100	200	400
GW 1	Schirmstoff (Seide)	102	91	57	3,4	4,4	0,4
M 3	Strickware (Wolle)	26	20	12	1,5	0,5	1,2
M 4	,,	116	74	30	6,7	2,0	0,1
M 5	,,	45	42	31	3,1	0,8	1,0
M 6	,,	31	24	15	2,5	0,4	9,4
	Mittelwert				3,4	1,6	2,2

[1] Tauchtiefe 6 cm, Tauchdauer 1 Minute, Tauchgeschwindigkeit 100 U/min, Schleuderdauer 1 Minute.

Die dem Apparat beigegebene Arbeitsvorschrift berücksichtigt für die Beurteilung der wasserabweisenden Eigenschaften bereits einige dieser in den Vorversuchen festgestellten Einflüsse, indem sie an demselben Muster mehrere, nacheinander durchzuführende Versuche vorschreibt.

Die Arbeitsweise, dasselbe Muster mehrmals zu prüfen, hat den Vorteil, bei sparsamem Stoffverbrauch zufällige Versuchsfehler zu vermindern. Bei reichlich vorhandenem Probematerial ist jedoch die häufigere Wiederholung mit jeweils neuen Mustern vorzuziehen. Die in den Zahlentafeln 23 und 24 zusammengestellten Zahlen wurden dementsprechend nach folgender Vorschrift gewonnen:

1. Tauchen: 15 s bei 100 U/min.
   Abschleudern: 60 s bei 400 U/min,
   Wägen
2. Tauchen: 60 s bei 100 U/min
   Abschleudern: 60 s bei 400 U/min,
   Wägen
3. Tauchen: 60 s bei 100 U/min
   Abschleudern: 120 s bei 400 U/min,
   Wägen

mit je 2 neuen Mustern durchzuführen

Die Beurteilung der Prüfergebnisse an Hand der mittleren Abweichungen der Einzelwerte vom Mittelwert zeigt, daß das Tauchverfahren nach Becker zur Prüfung der Gewebe, Gewirke und Garne auf wasserabweisende Eigenschaften gut brauchbar ist (Bild 20). Vermutlich durch die größeren Probenausmaße übertrifft das Becker-Verfahren etwas, wenn auch nicht sehr erheblich, das einfache Tauchverfahren an Genauigkeit. Der Nachteil einer etwas komplizierteren Apparatur kann wohl für genaue Bestimmungen in Kauf genommen werden, doch dürfte für den normalen Gebrauch die einfache Ausführung völlig ausreichen.

2. Einzeltropfversuch.

Versuchsanordnung:

Für die Durchführung der Einzeltropfversuche stand eine nach Angaben der

Zahlentafel 23.
Ergebnisse der Versuche nach dem Becker-Verfahren
(Gewebe und Gewirke)

Bezeichnung der Proben		Wasseraufnahme % bei einer Tauchdauer von			Mittlere Abweichung ± % bei einer Tauchdauer von		
		15 s	60 s		15 s	60 s	
Nr.	Stoffart	und einer Schleuderdauer v.			und Schleuderdauer von		
		60 s	60 s	120 s	60 s	60 s	120 s
FW 1	Zeltbahn (Baumwolle)	29	31	29	0	2,9	2,4
2	,,	9	11	10	1,0	1,0	1,5
3	,,	14	19	18	2,7	8,8	4,2
4	,,	53	60	55	1,2	0,2	2,8
5	,,	15	23	22	5,7	2,4	2,0
6	,,	28	29	24	13,2	0,8	5,2
7	,,	27	33	30	1,1	0,3	2,3
8	Brotbeutelstoff (Baumw.)	25	30	26	3,2	2,0	1,5
9	,,	43	49	41	5,8	1,5	0,8
10	Zeltbahn (Baumwolle)	18	20	19	0	1,7	1,8
11	,,	10	16	13	1,0	2,8	0,4
12	,,	37	40	37	1,6	0,9	2,4
S 1	Wagenplane (Baumwolle)	22	26	26	2,5	0,8	0,4
2	,,	13	14	14	2,6	1,8	0,7
3	,,	43	44	43	1,5	0,9	0,2
4	,,	22	28	28	11,8	9,5	7,4
R 1	Tuch (Wolle)	40	74	72	0,5	3,0	4,3
2	,,	24	46	45	0,6	1,6	10,0
3	,,	28	46	44	6,3	1,4	0,2
4	,,	28	43	42	1,4	3,5	6,8
5	Loden (Wolle)	49	71	54	4,0	0,3	7,0
6	,,	28	40	38	2,7	1,6	3,2
7	,,	30	42	38	8,0	2,0	1,5
8	,,	34	43	35	2,4	9,7	2,0
VDO 1	Gabardine (Wolle)	34	36	34	0	1,9	0,9
2	,,	20	26	23	1,0	4,1	1,3
3	,,	34	38	41	1,5	1,4	4,4
K 1	Kleiderstoff (Baumwolle)	40	45	40	0,7	0,7	4,9
2	,,	33	37	37	0,6	2,1	0,6
GW 1	Mantelstoff (Kunstseide)	60	57	51	4,0	0,4	0,7
2	,,	28	42	35	6,5	0,1	3,5
3	Schirmstoff (reine Seide)	96	91	92	1,2	0,5	4,3
4	,,	49	56	45	0	1,6	10,8
G 1	Schirmstoff (Baumwolle)	48	51	43	0,7	4,9	2,5
2	,,	43	42	37	7,0	2,3	1,2
F 5	Trikot (Baumwolle)	95	170	138	8,8	2,2	0,3
6	,,	39	53	52	1,7	7,1	1,6
7	Trikot (Wolle)	44	63	53	0,1	1,8	10,0
8	,,	24	36	32	2,6	2,0	0
9	,,	28	32	27	11,4	3,1	0,9
M 1	,,	10	15	12	6,8	0,3	2,6
2	,,	10	19	16	3,5	3,3	0,9
3	,,	7	12	10	3,7	1,3	8,7
4	,,	17	30	24	1,5	0,7	2,7
5	,,	20	31	26	6,6	1,1	6,7
6	,,	10	15	16	3,8	9,4	20,6
7	,,	12	16	17	30,8	2,2	0,9
8	,,	24	35	27	7,1	11,0	1,9
				Mittelwert	4,0	2,6	3,4

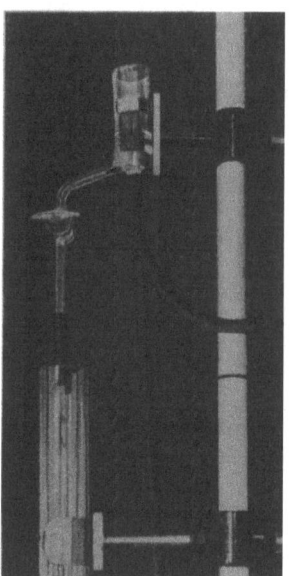

Aufnahme: Staatliches Materialprüfungsamt, Berlin-Dahlem.
Bild 21. Tropfvorrichtung für den Einzeltropfversuch.

Chemischen Fabrik Pfersee gebaute Versuchsanordnung zur Verfügung, bestehend aus einem Stativ mit einer durch Überlauf unter

Aufnahme: Staatliches Materialprüfungsamt, Berlin-Dahlem.
Bild 22. Probenhalter für den Einzeltropfversuch.

gleichem Druck gehaltenen Tropfeinrichtung und einer Einspannvorrichtung für die Proben. Die beiden wesentlichen Teile sind in Bild 21 und 22 wiedergegeben. Die Tropfen-

Zahlentafel 24
Ergebnisse der Versuche nach dem Becker-Verfahren (Garne)

Bezeichnung der Proben		Wasseraufnahme (%) bei einer Tauchdauer von			Mittlere Abweichung ± % bei einer Tauchdauer von		
		15 s	60 s		15 s	60 s	
		und Schleuderdauer von			und Schleuderdauer von		
Nr.	Garnart	60 s	90 s	120 s	60 s	60 s	120 s
F 1	Wirkgarn (Baumwolle)	98,1	114,5	100,8	2,6	8,5	6,2
2	,,	112,1	197,2	185,4	4,2	0,3	5,2
3	Wirkgarn (Wolle)	116,6	132,5	118,4	7,7	2,1	6,2
4	,,	84,0	89,6	79,5	11,0	4,2	7,2
M 1	Strickgarn (Wolle)	54,2	71,0	68,3	0,6	3,6	3,0
2	,,	44,9	53,7	46,5	0,8	5,7	3,5
3	,,	37,9	49,5	39,8	7,7	4,1	1,5
4	,,	25,5	43,1	37,1	1,6	2,3	2,4
M 5	Wirkgarn (Wolle)	116,5	151,6	131,7	1,0	0,1	5,6
6	,,	105,5	137,0	119,7	7,0	2,0	2,9
7	,,	113,4	135,6	113,4	0,6	1,4	1,5
8	,,	73,5	115,3	84,4	7,1	4,6	1,8
				Mittelwert:	3,0	3,2	3,9

die herabfallenden Tropfen durch ein Glasrohr vor Luftzug geschützt.

Der Endpunkt des Versuches ist erreicht, wenn durch den Stoff die ersten Wassertropfen gedrungen und vom Löschpapier aufgenommen worden sind. Die Beobachtung wird durch den darunter befindlichen Spiegel erleichtert. Das Feuchtwerden des Löschpapiers ist besser erkennbar, wenn statt eines weißen ein leicht gefärbtes Fließpapier verwendet wird.

Beim Schopperschen Wasserdichtigkeitsprüfer für porös-imprägnierte Gewebe (nach Kern), der auf dem gleichen Prinzip beruht, ist das Löschpapier mit einem Elektrolyten getränkt. Das Versuchsende wird hier beim Feuchtwerden des Papiers durch Schließen eines Stromkreises und Aufleuchten einer Glimmlampe angezeigt.

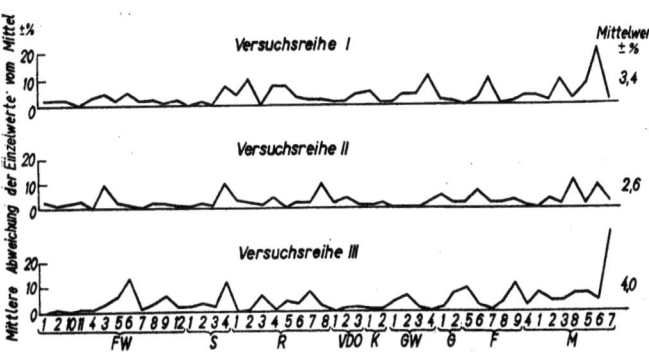

Bild 20. Tauchverfahren nach Becker. Abhängigkeit der Streuung in der Wasseraufnahme von Tauchdauer und Schleuderdauer

Versuchsreihe I	Tauchdauer[1] 60 s,	Schleuderdauer[2] 120 s
Versuchsreihe II	60 s,	60 s
Versuchsreihe III	15 s,	60 s

[1] bei 100 U/min   [2] bei 400 U/min

Untersuchung verschiedener Einflüsse:

Da schon bei den ersten Versuchen festgestellt wurde, daß die Streuung in den Einzelwerten sehr erheblich ist, mußte stets eine größere Anzahl von Versuchen (etwa zehn) vorgenommen und aus den Einzelergebnissen der Mittelwert gezogen werden.

Zunächst wurde der Einfluß der Tropfengröße, der Tropfenzahl und der Tropfenfallhöhe untersucht (Zahlentafel 25).

Die erhaltenen Werte und ihre graphische Darstellung (Bild 23, 24) zeigen die zu erwartende Abhängigkeit der Versuchsergebnisse von der Tropfengröße, wobei die Zahl der bis zum Durchschlagen auffallenden Tropfen bei kleiner Tropfengröße sehr

größe wird durch Auswechseln der Tropfdüse, die Tropfenzahl durch Einstellung des Hahnes verändert. Um die Einflüsse der Wassertemperatur und Zusammensetzung genau untersuchen zu können, wurde das Wasser nicht der Leitung, sondern einem großen, hoch aufgestellten Gefäß entnommen.

Bei der Aufspannung der Proben muß besonders auf gutes Anliegen des Stoffes an dem untergelegten Löschpapier geachtet werden; aus diesem Grund wurde das Muster durch eine mit einem entsprechenden Ausschnitt versehene Vulkanfiberplatte angedrückt. Die bespannten Rähmchen wurden unter 45° auf ein Gestell gelegt und

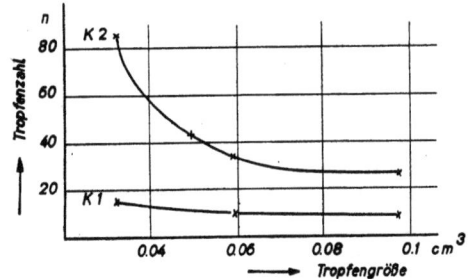

Bild 23. Einzeltropfversuch. Einfluß der Tropfengröße auf die zum Durchschlagen des Stoffes notwendige Tropfenzahl
Baumwollener Kleiderstoff { K 1 = roh
{ K 2 = imprägniert

Zahlentafel 25
Einzeltropfversuch: Einfluß der Tropfengröße, der Tropfgeschwindigkeit und der Tropfenfallhöhe

Bezeichnung der Proben		Anzahl der Tropfen[1] bis zum ersten Durchdringen des Stoffes											
		bei einer Tropfengröße von cm[3] [2][3]				bei einer Tropfgeschwindigkeit von Tropfen/min [2][4]				bei einer Fallhöhe von m [3][4]			
Nr.	Stoffart	0,097	0,059	0,049	0,032	30	60	120	160	2	1,5	1	0,5
K 1	Kleiderstoff (Baumwolle)	8,0	10,0	13,8	15,3	8,0	9,0	10,0	10,4	10,0	12,5	29,0	60,8
2	,,	30,1	33,7	44,0	85,8	40,0	—	33,7	—	33,7	32,6	68,0	—
VDO 1	Gabardine (Wolle)	9,0	9,5	11,7	18,5	6,3	6,0	9,5	11,7	9,5	11,7	18,7	37,4
2	,,	10,3	13,5	16,0	25,7	8,7	8,8	13,5	19,8	13,5	17,1	33,0	137,0
3	,,	9,6	11,0	12,2	19,7	7,4	6,8	11,0	14,3	11,0	10,7	16,8	31,3

[1] Sämtliche Versuche wurden mit 20—22° warmem Leitungswasser von 12° DH. ausgeführt. Die Proben waren vorher bei 65% rel. Luftfeuchtigkeit ausgelegt.
[2] Fallhöhe 2 m.
[3] Tropfgeschwindigkeit 120 Tropfen/min.
[4] Tropfengröße 0,059 cm³.

stark zunimmt. Dagegen hat es den Anschein, als ob die Streuung bei den kleineren Tropfen geringer wäre, als bei den größeren; allerdings ist diese Feststellung stark einzuschränken, da aus je 10 Werten kaum bindende Schlüsse zu ziehen sind.

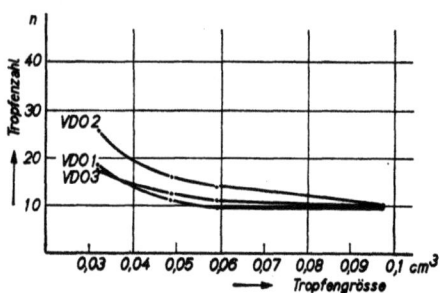

Bild 24. Einzeltropfversuch. Einfluß der Tropfengröße auf die zum Durchschlagen des Stoffes notwendige Tropfenzahl

Wollgabardine { VDO 1 = unimprägniert
VDO 2 u. 3 = imprägniert

Mit zunehmender Tropfgeschwindigkeit wird die Tropfengröße etwas geringer:

30 Tropfen/min.   0,068 cm³/Tropfen
60   ,,   0,069   ,,
120   ,,   0,059   ,,
160   ,,   0,056   ,,

Ebenso kann man annehmen, daß die Tropfen bei der raschen Folge nicht so gleichmäßig sich bilden und abfallen wie bei niederen Tropfgeschwindigkeiten. Schließlich ist wohl auch für das kapillare Eindringen des Wassers in den Stoff eine gewisse Zeit erforderlich.

Alle diese drei Einflüsse bewirken eine Erhöhung der zum Eindringen erforderlichen Tropfenzahl mit größerer Tropfgeschwindigkeit, die indessen erst bei erheblichen Geschwindigkeitsänderungen merklich wird (Bild 25).

Bei Änderung der Fallhöhe ist die gleichzeitige Änderung der bis zum Durchdringen erforderlichen Tropfenzahl nur bis zu einer Höhe von 1,5 m merklich, darüber ist wenigstens bei einer Tropfengröße von 0,06 cm³ keine Änderung zu beobachten. Bei den geringsten Fallhöhen sind auch für nicht besonders dichte Gewebe sehr hohe Tropfenzahlen beobachtet worden, so daß für eine einheitliche Prüfung nur Fallhöhen über 1 m in Frage kommen dürften.

Die von Kern für den Einzeltropfversuch berechnete Formel

$$e = 0{,}05848 \, n \, s \, \sqrt[8]{m} \text{ (mkg)}$$

wobei e = „Imprägnierungswert" = zum Durchschlagen einer Fläche von 1 m² aufgewendete Arbeit
n = Zahl der bis zum Durchschlag benötigten Tropfen
m = Einzelgewicht der Tropfen in g
s = Fallhöhe der Tropfen in cm

ist, wurde bei dieser Gelegenheit nachgeprüft, konnte aber nicht bestätigt werden, da sich bei Veränderung der Größen n, s und m keine konstanten Werte für e finden ließen. Da Kern mit wesentlich größeren Tropfen und kleineren Fallhöhen gearbeitet hat, ist es jedoch möglich, daß die angegebene Formel für einen gewissen, kleinen Bereich der Versuchsbedingungen ihre Gültigkeit hat. Besonders muß auch darauf aufmerksam gemacht werden, daß in der Formel der Einfluß der Tropfgeschwindigkeit nicht beachtet worden ist.

Die auch für alle anderen Prüfungen auf Wasserdichtheit und wasserabweisende Eigenschaften wichtigen Einflüsse der Wasserhärte und Temperatur sowie des Feuchtigkeitsgehaltes der zu prüfenden Proben wurden in drei anderen Versuchsserien untersucht. Die Er-

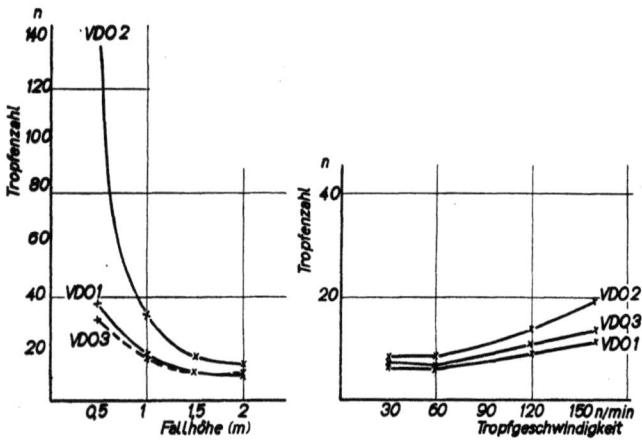

Bild 25. Einzeltropfversuch. Einfluß der Fallhöhe und Tropfgeschwindigkeit auf die zum Durchdringen des Stoffes erforderliche Tropfenzahl
Wollgabardine: VDO 1 = nicht imprägniert; VDO 2 u. 3 = imprägniert

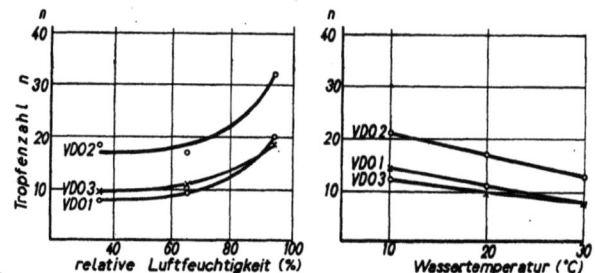

Bild 26. Einzeltropfversuch. Einfluß der relativen Luftfeuchtigkeit und Wassertemperatur auf die zum Durchschlagen des Stoffes erforderliche Tropfenzahl
Gabardine (Wolle): VDO 1 = nicht imprägniert; VDO 2 u. 3 = imprägniert

Zahlentafel 26. Einzeltropfversuch: Einfluß der Wasserhärte, der Wassertemperatur und des Feuchtigkeitsgehaltes der Proben[1].

Bezeichnung der Proben		Anzahl der Tropfen bis zum ersten Durchdringen des Stoffes						
		a) bei einer Wasserhärte von [2,3]		b) bei der Wassertemperatur von [3,4]			c) nach vorherigem Ausliegen des Stoffes bei rel. Luftfeuchtigkeit von [3,4]		
Nr.	Stoffart	0° DH dest. W.	12° DH Leitungsw.	10°	20°	30°	35%	65%	95%
K 1	Kleiderstoff (Baumwolle)	10	12	—	10	7,8	12,2	10	27,4
2	,,	32,5	30	—	33,7	—	39,0	33,7	58,0
VDO 1	Gabardine (Wolle)	7,3	6,3	14,3	9,5	7,3	7,7	9,5	20,0
2	,, ,,	9,1	8,3	21,0	13,5	12,8	18,4	13,5	32,1
3	,, ,,	7,8	6,3	12,0	11,0	7,4	9,4	11,0	18,3

[1] Sämtliche Versuche wurden bei einer Tropfgeschwindigkeit von 120 Tropfen/min und einer Tropfenfallhöhe von 2 m ausgeführt. Die Tropfengröße betrug bei der Versuchsreihe a) 0,068 cm³, bei den Versuchsreihen b) und c) 0,059 cm³.
[2] Wassertemperatur 20—22°.
[3] Nach vorherigem Auslegen des Stoffes bei 65% rel. Luftfeuchtigkeit.
[4] Wasserhärte 12° DH (Leitungswasser)

gebnisse sind in Zahlentafel 26 und Bild 26 angegeben.

Wie aus den Zahlen hervorgeht, ist für die Bestimmung der Durchschlagsfähigkeit der Wassertropfen die Anwesenheit geringer Mengen von Härtebildnern im Wasser unwesentlich. Dieser Befund ist besonders für die Prüfverfahren wichtig, die mit großen Wassermengen arbeiten (z. B. Beregnungsverfahren), da er ohne Einschränkung die Verwendung von Leitungswasser zuläßt.

Allerdings darf diese Beobachtung wohl kaum auf alle vorkommenden Brunnen- und Flußwasserarten verallgemeinert werden, da evtl. anwesende, die Oberflächenspannung ändernde Substanzen in einzelnen Fällen doch von wesentlichem Einfluß auf die Versuchsergebnisse sein können.

Merklich dagegen ist der Einfluß der Wassertemperatur; mit ihrer Erhöhung nimmt die Zahl der Tropfen bis zum Durchdringen des Stoffes ab. Die Wassertemperatur ist daher für die Reproduzierbarkeit der Versuchsergebnisse konstant zu halten. Auch die im Stoff bei Versuchsbeginn enthaltene Feuchtigkeit spielt eine nicht zu vernachlässigende Rolle. Besonders bei höherem Feuchtigkeitsgehalt bewirkt offenbar das anwesende Wasser durch Quellung der Fasern eine Verengung der Poren und damit eine bessere Wasserdichtheit. Eine ähnliche Beobachtung ist bereits bekannt und auch im Abschnitt der „Wasserdicht"-Prüfungen S. 9 schon erwähnt worden, nämlich die Tatsache, daß in eine Stoffmulde gefülltes Wasser zunächst durchzulaufen beginnt, bis die Quellung der Gewebefasern die Poren schließt, worauf die Mulde beliebige Zeit dicht ist.

Schließlich ist noch eine Beobachtung der Erwähnung wert, die allerdings für den Einzeltropfversuch nicht mit Zahlen belegt werden kann. Für das Durchdringen auffallender Tropfen durch ein Gewebe spielt die Art der Aufspannung eine große Rolle. Ein frei aufgespanntes Gewebestück, das die Energie des auffallenden Tropfens durch seine Federkraft vernichtet, ist imstande, wesentlich mehr Tropfen auszuhalten als ein dicht auf eine feste Unterlage aufgelegtes Muster. Auf eine gleichmäßige Auflage oder Aufspannung der Muster beim Tropfversuch und bei Beregnungsversuchen, deren Grundlagen ja die gleichen sind, muß daher besonders geachtet werden.

Der Einzeltropfversuch ist nicht mit sämtlichen zur Verfügung stehenden Mustern durchgeführt worden. Bei den dicht eingestellten und gut imprägnierten Segeltuchen ist die Versuchsdauer viel zu lang, als daß sie für eine normale Prüfung in Frage kommen könnte, und bei Gewirken oder auch Garnen ist das Versuchsergebnis zu sehr abhängig von der zufälligen Struktur der Stelle, auf die die Tropfen fallen. Diese Prüfung kann daher eigentlich nur für Kleider-, Mantel- und Schirmstoffe in Frage kommen, die entweder aus feinen Garnen bestehen (bei Noppenstoffen sind stets Schwierigkeiten zu erwarten) oder gewalkt sind. Auch hier ist, wie schon erwähnt, mit einer Anzahl von zehn und mehr Versuchen zu rechnen, um zu einem verläßlichen Durchschnittswert zu kommen.

3. Beregnungsversuche
a) Amtsverfahren.

Versuchsanordnung:

Aus dem im Amt seit fast 30 Jahren üblichen Bebrausungsversuch ist ein auf demselben Grundgedanken beruhendes Prüfverfahren entwickelt worden, das die Messung und Kontrolle einer großen Anzahl von Prüfbedingungen gestattet und sich bei der amtlichen Prüfung gut bewährt hat. Eine Schemazeichnung dieses Gerätes ist in Bild 27 beigegeben. Es besteht aus einer Tropfbrause mit 361 Tropfdüsen und Überlauf-Wasserdruckregler und einer unter 45° geneigten hölzernen Einspannvorrichtung mit einer freien Einspannfläche von 28 cm Breite und 38 cm Höhe. Diese Probenabmessungen sind mit Rücksicht auf die Anordnung der Düsen in der Tropfbrause in Form eines Quadrates mit der Kantenlänge von 30 cm gewählt worden. Die Düsen bestanden ursprünglich aus Messing. Im Verlaufe der Versuche stellte sich heraus, daß die Messingdüsen durch die Verwendung harten Wassers leicht verstopfen, wodurch sich die Tropfgeschwindigkeit ändert. Der besseren Reinigung mit Chromschwefelsäure wegen sind sie später durch Glasdüsen ersetzt worden. Die Düsen haben eine Bohrung von 0,1 mm und eine runde Abtropffläche von 4 mm Durchmesser; die abfallenden Tropfen haben ein Gewicht von je 0,06 g. Durch Veränderung des Überlaufes wird die Tropfgeschwindigkeit auf 1 Tropfen je Sekunde und je Düse eingestellt. Die Fallhöhe ist zwischen 1 und 2,5 m verstellbar und beträgt normalerweise 2 m.

Das in einer Größe von 34 × 44 cm zugeschnittene Stoffmuster wird mit leichter Spannung auf die Einspannvorrichtung gelegt und mit einem Rahmen befestigt. Für besonders dehnbare Stoffe, insbesondere Strick- und Wirk-

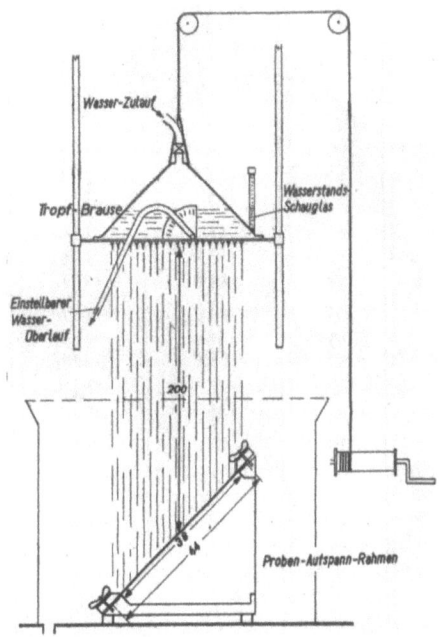

Bild 27. Beregnungsvorrichtung für das Amtsverfahren

waren ist es oft nur schwer möglich, und jedenfalls der Prüfung nicht zuträglich, den Stoff so zu spannen, daß er beim Beregnen nicht durchhängt. Derartige Stoffe werden daher zweckmäßig auf einem sehr weitmaschigen (5 cm) Drahtnetz aus äußerst feinem Bronzedraht (0,1 mm) ausgebreitet. Die Probe wird, um bei den verhältnismäßig großen Mustern Stoff zu sparen, 5, 10 und 15 Minuten lang nacheinander beregnet, nach jeder Beregnung 3 Minuten lang aufgehängt und nach dem Abtupfen der anhängenden Wassertropfen (mit Fließpapier) gewogen. Die Gesamtberegnungsdauer beträgt also für die erste Wägung 5 Minuten, für die zweite 15 und für die dritte 30 Minuten. Die aufgenommene Wassermenge wird in Prozent des Gewichts der beregneten Fläche angegeben.

Untersuchung verschiedener Einflüsse:

Bei zu geringer Stoffmenge besteht die Möglichkeit, auch Muster halber Größe zu prüfen, indem in den Einspannrahmen einige Teile zur Halbierung der Prüffläche eingefügt werden. Es ist jedoch nicht ratsam, in diesem Falle zwei Proben gleichzeitig zu beregnen, obwohl die Möglichkeit theoretisch besteht. Da die Proben untereinander angeordnet sind und daher das von der oberen Probe abfließende Wasser auf die untere Probe abläuft, kann die Abweichung zwischen den beiden auf diese Weise erhaltenen

Werten beträchtlich sein. Auch der Vergleich zwischen den mit großen und kleinen Mustern erhaltenen Ergebnissen ist nicht ganz einwandfrei; ganz allgemein nehmen die in halber Größe beregneten Muster etwa 28% mehr Wasser auf als die in voller Größe aufgespannten, wobei die Abweichung von diesem Mittelwert für einzelne Stoffarten so gering sind, daß fast eine Umrechnung möglich erscheint (Zahlentafel 27).

Zahlentafel 27
Beregnungsversuch (Amtsverfahren): Verhältnis der Wasseraufnahme beim Beregnen ganzer und halber Proben (Tuche)

Bezeichnung der Proben Nr. des Tuches	Beregnungs- dauer min	Wasseraufnahme in % bei einer Prüfflächengröße von		Verhältnis- zahl (b : a)
		a) 28×38 cm	b) 28×17 cm	
1	5	88	112	1,27
	15	112	142	1,27
	30	126	165	1,31
3	5	81	106	1,31
	15	96	116	1,21
	30	104	134	1,29
4	5	126	165	1,31
	15	146	194	1,33
	30	157	232	1,48
6	5	111	134	1,21
	15	133	164	1,24
	30	148	204	1,38
8	5	154	187	1,21
	15	174	211	1,21
	30	182	228	1,25
10	5	167	202	1,21
	15	186	222	1,20
	30	194	235	1,21
14	5	82	100	1,22
	15	98	119	1,22
	30	116	146	1,26
16	5	106	134	1,26
	15	127	160	1,26
	30	139	197	1,24
2	5	68	91	1,34
	15	80	98	1,23
	30	86	116	1,35
5	5	90	119	1,31
	15	102	130	1,28
	30	106	152	1,43
			Mittelwert:	1,28

Die Einflüsse der Vorbehandlung sind von vornherein zwar schon dadurch ausgeschaltet worden, daß für die Versuche ein Auslegen bei 65% rel. Luftfeuchtigkeit vorgesehen wurde. Einen Beweis für die Notwendigkeit dieser Vorschrift zeigt eine Versuchsreihe (Zahlentafel 28), bei der Tuche verschiedener Materialzusammensetzung nach gründlichem Anfeuchten

1. bei 65% rel. Luftfeuchtigkeit und 20° Raumtemperatur getrocknet,
2. bei 100—120° im Trockenschrank getrocknet,
3. trockengebügelt

wurden. Zum Vergleich sind auch die nach dem normalen Verfahren gewonnenen Werte beigefügt.

Die Durchfeuchtung und Trocknung hat also selbst bei verschiedenen Stoffen ähnlicher Zusammensetzung sehr unterschiedliche Wirkung: während unbehandelte Stoffe, etwa durch das Auswaschen von Seifenresten o. ä., häufig weniger Wasser aufnehmen, läßt bei imprägnierten Stoffen meist der Imprägniereffekt etwas nach. Da jedoch auch

Zahlentafel 28
Beregnungsversuch (Amtsverfahren): Einfluß verschiedener Vorbehandlung auf die Wasseraufnahme beim Beregnen

Bezeichnung der Proben	Beregnungs- dauer min	Wasseraufnahme in %			
		unbe- handelt	nach Anfeuchten und Trocknen bei		gebügelt
			65% rel. Luftf.	100-120°	
Tuch (Wolle mit Reißwolle), unbehandelt	5	146	125	133	128
	15	189	151	157	141
	30	206	162	172	150
Tuch (Wolle mit 20% Vistra), unbehandelt	5	136	137	140	132
	15	157	149	151	142
	30	165	155	156	146
Tuch (Wolle mit 20% Vistra), imprägniert	5	82	106	99	102
	15	96	126	116	112
	30	106	134	126	121

Fälle vorkommen, wo er durch Auswaschen verbessert wird, ist eine derartige Behandlung für die Prüfung des Gebrauchswertes von Interesse.

Die übliche Versuchsanordnung sieht, wie schon oben erwähnt, eine Aufspannung des Stoffes unter 45° zur Waagerechten vor. Um den Einfluß des Auftreffwinkels angenähert zu bestimmen, wurden mit einer behelfsmäßigen Einspannvorrichtung Versuche unternommen bei denen die Stoffmuster fast waagerecht eingespannt wurden. Eine kleine Neigung zur Waagerechten wurde deswegen gewählt, weil sich sonst leicht eine Mulde bildet, in der das Wasser sich ansammelt und unter dem Einfluß der auffallenden Regentropfen stärker in den Stoff eindringt. Mit derselben Einspannvorrichtung wurde auch der Vergleichsversuch bei einem Auftreffwinkel von 45° durchgeführt. Aus den Ergebnissen in Zahlentafel 29 geht hervor, daß die Wasseraufnahme bei fast senkrechtem Auftreffen der Wassertropfen um durchschnittlich 10% größer ist als bei einem Auftreffwinkel von 45°.

Zahlentafel 29
Beregnungsversuch (Amtsverfahren): Einfluß des Auftreffwinkels auf die Wasseraufnahme

Bezeichnung der Proben		Aufgenommene Wassermenge in % bei einem Auftreffwinkel der Regen- tropfen von		Verhältnis b : a
Nr.	Stoffart	a) 45°	b) fast 90°	
GW 3	Schirmstoff (rein. Seide)	76	86,8	1,13
4	,,	62	58	0,93
R 5	Lodenstoff (Wolle)	210	227	1,08
6	,,	170	190	1,12
VDO 1	Gabardine (Wolle)	76	86	1,13
2	,,	64	72	1,12
			Mittelwert:	1,10

Von den normalen abweichende Versuchsbedingungen: Beregnungsdauer: 15 Minuten, Probengröße: 24×24 cm (= beregnete Fläche).

Von besonderem Interesse schien für die Regenschirmstoffe die Spannung der Stoffprobe während der Beregnung zu sein, da diese Stoffe ja im allgemeinen aufgespannt dem Regen ausgesetzt werden. Deshalb wurden mit den reinseidenen Schirmstoffen Versuche unter verschiedener, gemessener Spannung ausgeführt (Zahlentafel 30). Die Stoffproben wurden dabei auf dem üblichen Rahmen zunächst nur auf einer Seite befestigt, während die gegenüberliegende Seite mit Gewichten, die über Rollen am Stoff befestigt waren, während des Aufspannens belastet wurden.

"Wasserabweisend"-Prüfung

Zahlentafel 30
Beregnungsversuch (Amtsverfahren):
Einfluß der Probenspannung auf die Wasseraufnahme beim Beregnen

Bezeichnung der Proben		Beregnungs-dauer	Wasseraufnahme in % bei einer Spannung von			
Nr.	Stoffart	min	0 kg/cm	0,2 kg/cm	0,5 kg/cm	1 kg/cm
GW 3	Regenschirmstoff (reine Seide)...	5	79	74	76	72
		15	88	81	88	81
		30	91	87	88	90
GW 4	Regenschirmstoff (reine Seide)...	5	27	32	32	31
		15	35	36	38	37
		30	35	39	41	40

Die Spannung wurde in der Längsrichtung ausgeübt.

Der vermutete Einfluß der Stoffspannung hat sich also zumindesten an dem reinseidenen Regenschirmstoff nicht bestätigen lassen. Bei der Prüfvorschrift kann mithin die Angabe der Probenspannung ohne Fehler auch etwas ungenauer erfolgen.

Auch die Oberflächenbeschaffenheit kann, sofern sie Unterschiede in verschiedener Stoffrichtung aufweist, auf das Abperlen und somit auf die Wasseraufnahme beim Beregnen einwirken. So verarbeitet man bekanntlich Loden und Tuche stets in senkrechter Strichrichtung, um eine Verbesserung der wasserabweisenden Eigenschaften zu erzielen. Auch unter dem Probenmaterial befand sich eine Reihe von Stoffen, die mit deutlichem „Strich" ausgerüstet waren, und an denen diesbezügliche Versuche angestellt wurden (Zahlentafel 31).

Zahlentafel 31. Beregnungsversuch (Amtsverfahren): Einfluß der Oberflächenbeschaffenheit (Strichrichtung) des Stoffes auf die Wasseraufnahme

Bezeichnung der Proben		Wasseraufnahme[1] in % nach einer Beregnungsdauer von					
		5 min		15 min		30 min	
Nr.	Stoffart	längs	quer	längs	quer	längs	quer
R 1	Tuch (Wolle)	105	94	128	132	132	144
2	,, ,,	64	70	78	82	98	93
3	,, ,,	62	72	79	82	87	90
4	,, ,,	64	72	86	86	110	104
5	Loden (Wolle)	129	140	140	160	155	170
6	,, ,,	90	104	112	132	126	140
7	,, ,,	103	98	118	114	126	128
8	,, ,,	92	107	110	120	118	128
Durchschnittswerte		89	95	106	114	119	125

[1] Die Angaben „längs" und „quer" beziehen sich auf die Strichrichtung.

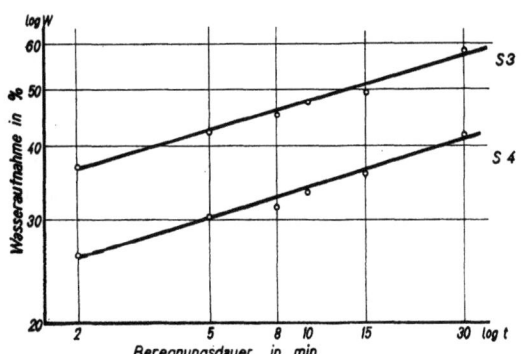

Bild 28. Beregnungsversuch nach dem Amtsverfahren.
Zeitabhängigkeit der Wasseraufnahme
Wagenplane Baumwolle S 3 unimprägniert
    ,,   ,,   S 4 imprägniert

Die Unterschiede sind, wenn sie auch nahe an der Fehlergrenze liegen, merklich.

Obwohl schon die dreistufige Prüfung jedes Musters einen Anhalt für den Verlauf der Wasseraufnahme bei der Beregnung gibt, wurde zur genauen Bestimmung des Einflusses der Beregnungsdauer die nach verschiedenen Zeiten aufgenommene Wassermenge unter Verwendung jeweils trocknerer, neuer Muster ermittelt. Die Ergebnisse sind in Zahlentafel 32 wiedergegeben und in Bild 28 graphisch dargestellt.

Zahlentafel 32
Beregnungsversuch (Amtsverfahren): Zeitabhängigkeit der Wasseraufnahme

Bezeichnung der Probe		Wasseraufnahme in % nach einer Beregnungsdauer von (min)					
Nr.	Stoffart	2	5	8	10	15	30
S 3	Wagenplane Baumw.)	35,6	42,1	45,2	47,6	49,4	57,2
S 4	,,	26,2	30,2	31,6	33,4	35,8	41,8

Dagegen wirkt die in der Zeiteinheit auf die Probe fallende Regenmenge in weiten Grenzen kaum auf die Wasseraufnahme des Gewebes ein, wie sich aus Zahlentafel 33 ergibt.

Zahlentafel 33
Beregnungsversuch (Amtsverfahren): Einfluß der in der Zeiteinheit auffallenden Wassermenge auf die Wasseraufnahme beim Beregnen

Stoff-Nr.	Wasseraufnahme in % bei einer Regenmenge von		
	2,5 l/min	1,75 l/min	1,35 l/min
1	83,9	84,0	—
2	92,9	—	92,4

Beregnungsdauer 15 min

Außerdem wurde untersucht, ob die Versuchsergebnisse durch eine andere Art der Entfernung überschüssigen Wassers gleichmäßiger ausfielen. Hierzu wurden — neben der üblichen Art: 3 Minuten langes Aushängen und Abtupfen der Tropfen — noch folgende Methoden angewandt:

Abpressen mit einer Holzplatte,
    ,,   mit einer Glasplatte mit
        und ohne Zwischenlagen,
    ,,   mit einer Wringmaschine,
        deren Walzen so weit wie
        möglich entlastet waren.

Bei diesen Versuchen wurden die zurückgehaltenen Wassermengen wesentlich niedriger gefunden als nach bloßem Aushängen, wie es nicht anders zu erwarten war; die Gleichmäßigkeit der Versuchsergebnisse ist jedoch nicht verbessert worden (Zahlentafel 34, siehe Seite 26).

Nach diesen Vorversuchen wurde die Beregnungsprüfung nach dem Amtsverfahren an dem gesamten Versuchsmaterial mit den gleichen Versuchsbedingungen ausgeführt, die im allgemeinen auch den Vorversuchen zugrunde lagen:

Probengröße: 34×44 cm zugeschnitten, beregnete Fläche 28×38 cm (= 1064 cm²),
Leitungswasser 12° DH,
Tropfengröße: 0,06 cm³,
Tropfgeschwindigkeit: 60 Tropfen/min je Düse,
Tropfenfallhöhe: 2 m,
Beregnungsdauer: 5, 10, 15 Minuten nacheinander.

Die Ergebnisse sind in Zahlentafel 35 (S. 27) zusammengefaßt.

Überprüfung der Verfahren

Zahlentafel 34. Beregnungsversuch (Amtsverfahren): Einfluß der Art der Entfernung des überschüssigen Wassers

Bezeichnung der Proben		Beregnungs-dauer	Art des Abpressens nach 3 min Aushängen	Wasser-aufnahme	Mittlere Abweichung ± %	
Nr.	Stoffart	min		%	ohne	mit Abpressen
FW 1	Segeltuch (Baumwolle)	5	mit Holzplatte, rechts und links mit der Hand auf-gedrückt	21,4	17,4	6,3
		15		26,2	2,0	0,6
		30		28,7	2,6	0,3
2	,,	5	,,	12,6	5,0	1,4
		15		15,8	1,2	2,4
		30		17,7	1,5	0,9
R 4	Uniformtuch (Wolle)	5	,,	50,2	1,1	1,3
		15		72,0	2,3	1,4
		30		85,5	0,9	1,2
3	,,	5	,,	48,6	1,8	3,0
		15		59,2	5,0	4,6
		30		65,3	6,1	2,8
3	,,	5	mit Glasplatte, direkt auf Fließpapier gelegt	68,0	1,8	7,4
		15		73,5	5,0	5,4
		30		86,5	6,1	1,8
VDO 2	Gabardine (Wolle)	5	,,	33,5	10,1	0,8
		15		40,8	1,6	4,9
		30		40,7	2,1	6,0
GW 4	Schirmstoff (reine Seide)	5	,,	17,0	14,4	18,5
		15		21,0	6,5	12,9
		30		22,4	7,5	4,9
M 1	Trikot (Wolle)	5	mit Holzplatte gepreßt und viermal ausgeschlagen	42,3	9,0	4,5
	,, ,,	15		55,5	5,0	4,5
		30		65,9	2,1	0,2
3	,, ,,	5	,,	32,0	0,3	2,4
		15		41,8	0,3	2,4
		30		49,7	1,4	2,9
4	,, ,,	5	mit Glasplatte direkt auf Fließpapier gelegt	75,5	1,0	3,2
		15		90,5	0,9	3,7
		30		109,6	0,7	2,3
5	,, ,,	5	mit Wringmaschine ohne Druck zwischen Fließpapier und Wachstuch	76,2	2,7	0,4
		15		99,0	0,5	2,0
		30		109,0	0,8	0
6	,, ,,	5	,,	56,0	0,8	1,8
		15		77,0	2,4	2,4
		30		84,6	1,0	2,2
7	,, ,,	5	mit Glasplatte, dazwischen Fließpapier, Wachstuch u. Wolltuch	35,6	1,1	1,7
		15		44,6	2,7	2,5
		30		49,6	1,9	4,0
8	,, ,,	5	zwischen Fließpapier ge-legt, zusammengefaltet und mit der Hand ausgedrückt	48,4	0,3	3,6
		15		72,0	2,4	3,4
		30		84,8	0,5	0,3
			Mittelwert:		3,3	3,3

Zahlentafel 36. Beregnungsversuch (Bundesmann-Verfahren): Abhängigkeit der Wasseraufnahme von der Bewegung des Stoffes im Regen und von der Scheuerung

Bezeichnung der Proben		Wasseraufnahme in % bei Versuchsausführung			Prozentuale Zunahme der Wasseraufnahme durch	
Nr.	Stoffart	ohne Bewegung und ohne Scheuerung	mit Bewegung und ohne Scheuerung	mit Bewegung und mit Scheuerung	Bewegung	Bewegung u Scheuerung
VDO 1	Gabardine (Wolle)	77	77	81	0	5,2
2	,,	54	54	60	0	11,1
3	,,	81	78	102	—3,7	26,0
R 1	Tuch (Wolle)	158	168	171	6,3	8,2
3	,,	90	112	132	24,5	47,0
4	,,	102	126	149	23,5	46,0
Pf 1	Gabardine (Wolle)	230	225	234	—2,2	1,7
2	,,	33	62	76	112,0	130,0
S 1	Wagenplane (Baumwolle)	34	40	38	17,7	11,8
2	,,	32	26	27	13,1	17,4
				Durchschnitt:	20%	30%

b) Beregnungsversuch nach Bundesmann

Versuchsanordnung

Der von Bundesmann angegebene Beregnungsapparat (Bild 29 und 30) unterscheidet sich von der

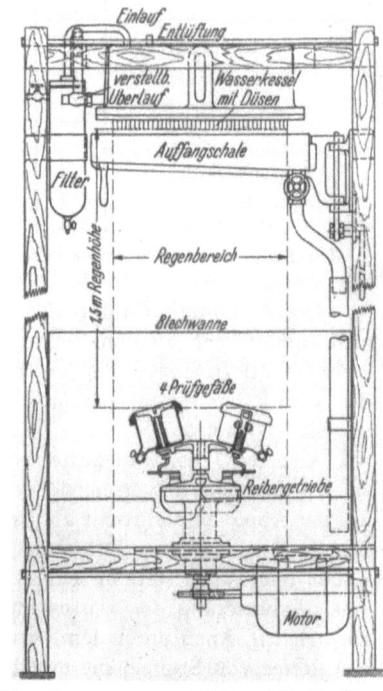

Bild 29. Beregnungsapparat DRP. nach Dr. Bundesmann. (Manfred Erhard, Apparatebau Augsburg)

Bild 30. Beregnungsapparat nach Bundesmann. a = Düsenplatte mit 300 Düsen, b = Wasserstandglas, c = schwenkbare Auffangschale, d = Wasserablauf, e = abnehmbarer Aufsatz mit 4 Prüfgefäßen

beim Amtsverfahren angewendeten Versuchsanordnung vor allem durch die Einspannvorrichtung. Die Tropfbrause ist der im Amts-

Zahlentafel 35. Beregnungsversuch: Ergebnisse der Versuche nach dem Amtsverfahren

Bezeichnung der Proben		Wasseraufnahme in % nach einer Beregnungsdauer von			Mittlere Abweichung ± %		
Nr.	Stoffart	5 min	15 min	30 min	5 min	15 min	30 min
FW 1	Zeltbahn	26	41	49	17,4	1,2	2,6
2	(Baumwolle)	12	18	21	5,0	1,2	1,5
3	,,	20	28	31	0,5	1,8	0,2
4	,,	46	57	61	2,2	2,5	1,2
5	,,	20	28	31	1,3	1,1	1,7
6	,,	28	36	38	3,6	1,7	2,0
7	,,	28	38	43	3,3	3,5	1,9
8	Brotbeutelstoff	27	34	38	2,5	1,9	4,7
9	(Baumwolle)	40	48	52	2,5	5,7	1,0
10	Zeltbahn	20	27	30	1,1	1,7	0,3
11	(Baumwolle)	20	26	29	0,9	0,5	1,9
12	,,	37	43	46	0,8	4,9	6,2
S 1	Wagenplane	22	30	33	5,8	4,7	2,6
2	(Baumwolle)	14	20	22	1,4	2,2	1,3
3	,,	36	44	46	0,8	0,9	1,1
4	,,	28	38	41	4,0	0,3	2,5
R 1	Tuche	105	128	132	1,4	1,2	0,4
2	(Wolle)	64	78	98	0	0,3	1,3
3	,,	62	79	87	1,8	5,0	6,1
4	,,	64	86	110	1,1	2,3	0,9
5	Loden	129	140	155	1,2	1,7	2,5
6	Wolle)	90	112	126	2,7	3,5	2,4
7	,,	103	118	126	3,9	2,9	1,7
8	,,	92	110	118	0	1,8	0,4
VDO 1	Gabardine	59	76	83	7,6	2,7	0,3
2	(Wolle)	41	54	59	10,1	1,6	2,1
3	,,	58	72	78	4,5	2,8	6,4
K 1	Kleiderstoff	52	62	65	1,9	0	0,8
2	(Baumwolle)	38	46	50	2,6	1,5	0,7
GW 1	Mantelstoff	56	65	65	3,5	0,5	1,4
2	(Kunstseide)	34	38	44	1,8	1,8	3,4
3	Schirmstoff	79	88	91	0,9	0	1,1
4	(reine Seide)	27	35	35	14,4	6,5	7,5
G 1	Schirmstoff	47	54	57	2,0	3,3	2,4
2	(Baumwolle)	35	41	44	6,0	0,6	3,4
F 5	Trikot	356	363	404	3,0	3,6	3,4
6	(Baumwolle)	250	294	300	1,2	2,6	1,8
7	Trikot	108	141	156	6,0	1,4	0,1
8	(Wolle)	81	106	116	2,4	0	1,7
9	,,	44	69	80	2,8	3,3	2,5
M 1	,,	46	70	93	7,0	5,0	2,1
2	,,	72	99	121	6,0	5,0	0,7
3	,,	27	43	56	0,3	0,3	1,4
4	,,	102	126	146	1,0	0,9	0,7
5	,,	84	108	123	2,7	0,5	0,8
6	,,	47	77	99	0,8	2,4	1,0
7	,,	32	49	59	1,1	2,7	1,9
8	,,	87	116	135	0,3	2,4	0,5
	Mittelwert:				3,3	2,2	2,0

verfahren verwendeten sehr ähnlich, sie besitzt 300 Metalldüsen, die kreisförmig angeordnet sind, und aus denen Tropfen von 0,065 cm³ Größe (nach einer mit dem Amt getroffenen Übereinkunft) mit durch Überlauf einstellbarer Geschwindigkeit herabfallen. Die Tropfgeschwindigkeit ist in der Arbeitsvorschrift mit 85—90 Tropfen je Minute festgelegt, entsprechend einer Regenmenge von 100 cm³/min auf eine Prüffläche von 75—80 cm². Die hierfür erforderliche Druckhöhe ist an einem Wasserstandglas markiert. Leider ist es nicht möglich, sich auf die bloße Einstellung der Druckhöhe zu verlassen, da sich die Düsen durch die Härtebildner des Leitungswassers sehr leicht verstopfen[1]. Sie müssen dann mit einem feinen Metallbohrer gereinigt werden, bis bei der Nachprüfung die angegebene Regendichte erzielt wird. Um diese langwierige und dennoch nicht ganz einwandfreie Einregulierung zu vereinfachen, wurden auch hier wie beim Amtsverfahren die Metalldüsen später durch Glasdüsen ersetzt, deren Reinigung mit Chromschwefelsäure rasch zum gewünschten Ergebnis führt.

Die Einspannvorrichtung befindet sich 1,35 m unter der Tropfbrause und besteht aus vier runden Metallbüchsen, die um etwa 10° nach außen geneigt auf einem drehbaren Kreuz befestigt sind. Im Innern der Büchsen sind kreuzförmige Vorrichtungen angebracht, die den aufgespannten Stoff auf der Rückseite während der Beregnung leicht reiben. Sie werden durch denselben Motor angetrieben, der auch die Bewegung der Büchsen um die Achse besorgt. Die Reibvorrichtung ist mit glatten Kunstharzauflagen versehen, die den Stoff nicht scheuern, sondern nur leicht streifen; sie bewegen sich in etwa Viertelkreisen hin und her. An den Umkehrstellen, wo naturgemäß die Abstreifer einen Augenblick stillstehen, beobachtet man an der Oberseite des Stoffes ein rascheres Eindringen des Wassers, so daß der Eindruck entsteht, als ob die oft beschriebene Erhöhung der Wasseraufnahme beim Scheuern z. T. durch die feste Auflage des Stoffes auf der Reibvorrichtung hervorgerufen wird. Das durchgelaufene Wasser wird in den Büchsen aufgefangen und kann durch ein kleines Hähnchen abgelassen und gemessen werden.

Das Einspannen der Stoffmuster geschieht, indem die zuvor ausgestanzten Scheiben lose über die Metallbüchsen gelegt und durch einen Ring mit zwei seitlichen Spannvorrichtungen festgezogen werden. Die Spannung des Stoffes ist hierbei unbekannt, sie ist aber zweifellos bei dicken Stoffen größer als bei dünnen. Sehr stark dehnbare Stoffe, wie z. B. Wirkwaren, erfordern beim Einspannen ein sehr sorgfältiges, gleichmäßiges Arbeiten, damit sie sich nicht zu sehr verziehen.

Die Beregnungsdauer ist in der Arbeitsvorschrift mit 10 min angegeben. Zur Entfernung überschüssigen Wassers werden die Proben viermal mit der Hand ausgeschlagen.

Untersuchung verschiedener Einflüsse

Als erstes wurde der Einfluß der Bewegung und der Reibung auf die Wasseraufnahme untersucht (Zahlentafel 36 S., 26). Durch Mittelwertbildung aus den allerdings sehr verschiedenen Zahlen läßt sich berechnen, daß durch die Bewegung der Stoffmuster im Regen etwa 20%, durch Bewegung und Reibung zusammen etwa 30% mehr Wasser aufgenommen wird.

Interessanter ist die Tatsache, daß auch die Streuung der Ergebnisse durch die Bewegung und Reibung offenbar beeinflußt wird. Die in Zahlentafel 37 zusammengestellten

---

[1] Nach Abschluß der Arbeit hat Herr Dr. Bundesmann mitgeteilt, daß sich das Verstopfen der Düsen vermeiden läßt, wenn die Düsen während der Nichtbenutzung des Apparats ständig unter Wasser gehalten werden. Die schwenkbare Auffangschale kann zu diesem Zweck mit Wasser gefüllt und so hoch an die Düsenplatte herangebracht werden, daß die Düsen in das Wasser eintauchen.

mittleren Abweichungen der Einzelwerte vom Mittelwert ergeben einen Durchschnitt von

5,8% ohne Reibung und Bewegung
4,4% ohne Reibung mit Bewegung
3,0% mit Reibung und mit Bewegung.

Zahlentafel 37
Beregnungsversuch (Bundesmann-Verfahren): Einfluß der Reibung und Bewegung beim Beregnen auf die Streuung der Ergebnisse

Bezeichnung der Proben		Mittlere Abweichung der Einzelwerte vom Mittelwert in ± %		
Nr.	Stoffart	ohne Bewegung und ohne Reibung	mit Bewegung und ohne Reibung	mit Bewegung und mit Reibung
VDO 1	Gabardine (Wolle)	3,9	2,6	3,4
2	,,	7,8	0,9	0,8
3	,,	4,3	0,6	4,5
R 1	Tuch (Wolle)	1,6	0,6	0,2
3	,,	11,1	7,3	2,7
4	,,	14,2	3,6	1,3
Pf 1	Gabardine (Wolle)	0,9	1,6	5,0
2	,,	12,0	7,0	5,5
S 1	Wagenplane (Baumw.)	1,7	13,0	4,2
2	,,	4,0	7,0	2,5
	Mittelwert:	5,8	4,4	3,0

Die Abhängigkeit der Wasseraufnahme von der Beregnungsdauer wurde in mehreren Versuchsreihen an Vertretern verschiedener Warengruppen geprüft (Zahlentafel 38, Bild 31). Die Ergebnisse zeigen die zu erwartende Zunahme der Wasseraufnahme und Verringerung der Streuung mit zunehmender Beregnungsdauer.

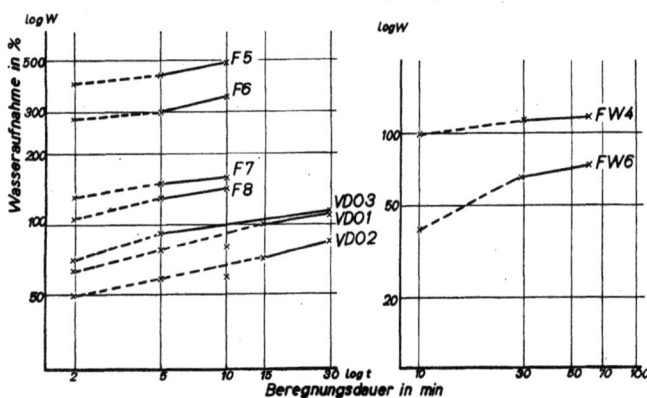

Bild 31. Beregnungsversuch nach Bundesmann. Zeitabhängigkeit der Wasseraufnahme

	nicht imprägniert	imprägniert
Zeltbahnstoff (Baumwolle)	FW 4	FW 6
Gabardine (Wolle)	VDO 1	VDO 2 u. 3
Wirkware (Baumwolle)	F 5	F 6
Wirkware (Wolle)	F 7	F 8

Versuchsergebnisse der Beregnungsprüfung nach Bundesmann an dem gesamten Versuchsmaterial

Für die Durchführung der Vergleichsversuche konnten nach den bei den Vorversuchen gemachten Erfahrungen die in der von Bundesmann angegebenen Gebrauchsanweisung vorgeschlagenen Versuchsbedingungen angewandt werden. Es waren folgende:

Tropfengröße: etwa 0,065 cm³.
Tropfenzahl: etwa 85—90 je Minute und Düse.
Tropfenfallhöhe: 1,35 m.
Probengröße: rundé Scheibe von 14 cm Durchmesser = 154 cm².
Beregnete Fläche: Kreis von 10 cm Durchmesser = 80 cm².
Beregnungsdauer: 10 min.
Bewegung der Einspannvorrichtung: 5 U/min.
Reibung des Stoffes von der Rückseite.
Entfernung des überschüssigen Wassers: viermaliges Ausschlagen mit der Hand.
Bewertung: aufgenommene Wassermenge, berechnet in % des Gewichts der beregneten Fläche; durchgelaufene Wassermenge.

Die angegebenen Werte der Zahlentafel 39 sind Mittel aus je 4 Versuchen. Die gleichzeitig aufgeführten mittleren Abweichungen der Einzelwerte vom Mittelwert zeigen, daß die Wasseraufnahme eine sichere Unterscheidung der wasserabweisenden Eigenschaften darstellt. Dagegen ist die Beurteilung an Hand des durchgelaufenen Wassers nicht einwandfrei möglich, da

1. die dichteren Gewebe kein Wasser durchlassen und
2. die Schwankungen in den Einzelwerten zu groß sind.

c) Beregnungsverfahren nach Franz und Henning
Versuchsanordnung

Die für die Untersuchungen nach dem Beregnungsverfahren von Franz und Henning benutzte Apparatur war das von den Urhebern selbst hergestellte Gerät und von diesen für die Dauer der Versuche freundlicherweise zur Verfügung gestellt worden. Die wesentlichen Teile der Versuchsanordnung (Bild 32, 33) sind:

1. Die Tropfvorrichtung. Sie enthält im Gegensatz zu den vorher beschriebenen Verfahren nur 12 Düsen, die nebeneinander angeordnet sind. Sie bestehen aus Glas und entsprechen den in der Kunstseidenindustrie für Versuche häufig verwendeten Einzeldüsen. Da die Öffnungen dieser Glasröhrchen verhältnismäßig weit sind, ist schon durch eine geringe Veränderung des Wasserdruckes eine wesentliche Änderung der Regenmenge möglich. Das mit

Zahlentafel 38. Beregnungsversuch (Bundesmann-Verfahren): Zeitabhängigkeit der Wasseraufnahme beim Beregnen

Bezeichnung der Proben		Wasseraufnahme in % bei einer Beregnungsdauer von (min)						Mittlere Abweichung in ± % bei einer Beregnungsdauer von (min)					
Nr.	Stoffart	2	5	10	15	30	60	2	5	10	15	30	60
FW 4	Zeltbahn	—	—	99	—	114	118	—	—	1,2	—	3,1	2,5
6	(Baumwolle)	—	—	39	—	66	74	—	—	1,9	—	0,8	2,4
VDO 1	Gabardine	64	77	81	101	112	—	2,5	3,2	3,1	3,2	1,7	—
2	(Wolle)	50	59	60	73	87	—	1,2	3,8	0,2	8,4	4,6	—
3	,,	71	93	102	105	115	—	4,6	4,8	4,5	5,2	1,4	—
F 5	Trikot	403	440	495	—	—	—	4,6	3,0	8,7	—	—	—
6	(Baumwolle)	288	305	358	—	—	—	7,8	3,8	5,0	—	—	—
F 7	Trikot	132	151	163	—	—	—	6,1	9,6	2,1	—	—	—
8	(Wolle)	196	130	143	—	—	—	0,9	0	2,0	—	—	—
	Mittelwert:							4,0	3,6	3,2	5,6	2,3	2,5

Zahlentafel 39.
Beregnungsversuch: Ergebnisse der Versuche mit dem Bundesmann-Verfahren

Bezeichnung der Proben		Wasseraufnahme		Durchgelaufene Wassermenge	
Nr.	Stoffart	Mittelwert %	mittlere Abweichung ± %	Mittelwert cm³	mittlere Abweichung ± %
FW 1	Zeltbahn (Baumwolle)	63	3,0	—	—
2	,,	20	3,2	—	—
3	,,	35	1,5	—	—
4	,,	99	1,2	96	1,0
5	,,	35	3,3	—	—
6	,,	39	1,9	38	2,0
7	,,	50	2,2	—	—
8	Brotbeutelstoff	42	3,1	—	—
9	(Baumwolle)	64	9,0	—	—
10	Zeltbahn	29	4,5	—	—
11	(Baumwolle)	29	8,2	—	—
12	,,	80	3,2	103	24,0
S 1	Wagenplane (Baumw.)	31	3,5	—	—
2	,,	24	1,9	—	—
3	,,	77	2,2	32	31,8
4	,,	44	2,0	—	—
R 1	Tuch (Wolle)	171	0,2	300	1,3
2	,,	—	—	—	—
3	,,	132	2,8	85	17,6
4	,,	149	1,5	140	4,3
5	Loden (Wolle)	212	8,6	582	18,9
6	,,	169	5,1	481	9,4
7	,,	143	4,9	147	28,3
8	,,	147	7,1	477	5,0
VDO 1	Gabardine (Wolle)	81	3,1	31	74,2
2	,,	60	0,2	2	0
3	,,	102	4,5	205	9,5
K 1	Kleiderstoff (Baumw.)	103	1,1	136	24,4
2	,,	81	5,8	80	16,0
GW 1	Mantelstoff (Kunsts.)	120	4,1	354	15,4
2	,,	59	10,5	77	21,5
3	Schirmstoff (reine Seide)	141	3,3	114	14,4
4	,,	81	9,0	77	37,5
G 1	Schirmstoff (Baumw.)	112	3,6	822	5,8
2	,,	93	5,6	434	23,2
F 5	Trikot (Baumwolle)	495	8,7	796	0,8
6	,,	358	5,0	778	1,5
7	Trikot (Wolle)	163	2,1	755	1,5
8	,,	143	2,0	705	5,9
9	,,	104	3,2	515	11,4
M 1	,,	81	13,9	163	20,2
2	,,	114	7,6	190	14,0
3	,,	58	6,4	162	13,3
4	,,	179	7,1	380	17,1
5	,,	114	5,5	420	16,7
6	,,	93	4,6	224	27,0
7	,,	70	6,0	238	18,3
8	,,	134	3,3	436	4,5
Mittelwert:			4,5		15,3

2. Die Aufspannvorrichtung für die Proben gestattet die gleichzeitige Prüfung von zwei Stoffabschnitten von etwa 12×26 cm. Beide werden nebeneinander auf eine Trommel gespannt, und zwar kann hierbei

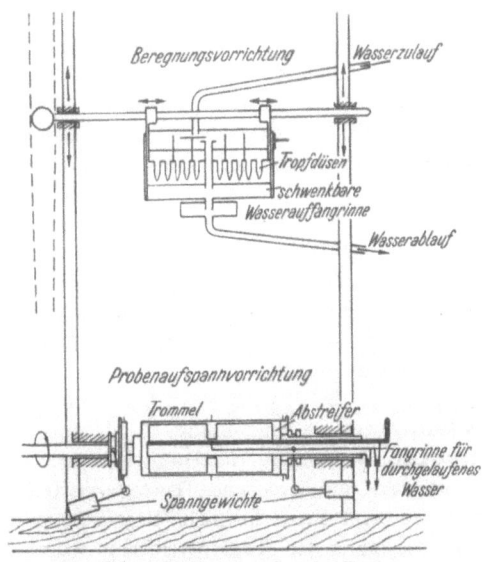

Bild 32. Beregnungsprüfer nach Franz

sowohl die Längsspannung — durch Anhängen von Gewichten während des Aufziehens — als auch die Querspannung — durch zwei Hebelarme mit feststellbaren

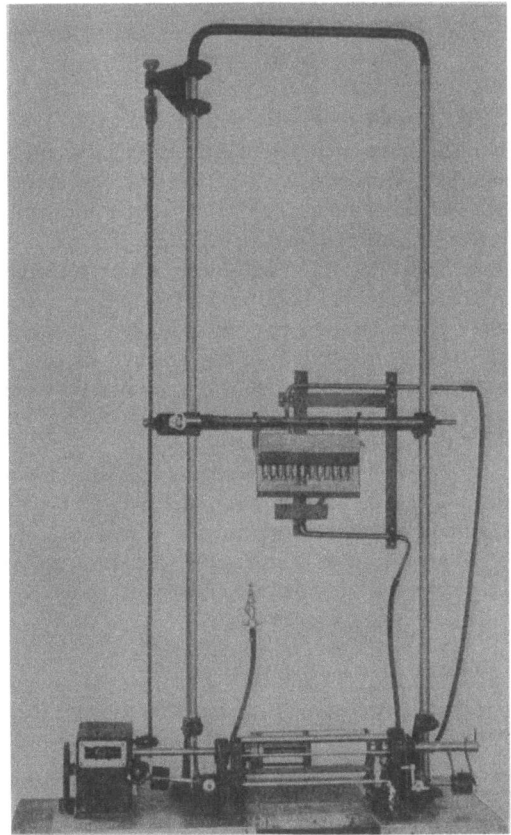

Bild 33. Beregnungsprüfer nach Franz. (Aufn. Henning)

einem Überlauf versehene Druckgefäß enthält daher auch Blechführungen, um Ungleichmäßigkeiten im Wasserdruck durch das zufließende Wasser und auch durch die Schaukelbewegung der Brausenanordnung zu vermeiden. Ein Vorteil dieser verhältnismäßig weiten Glasdüsen ist die gute Reinigungsmöglichkeit durch Eintauchen in Chromschwefelsäure. Die bei den Metalldüsen sehr störende Verstopfung, verbunden mit ungleichen Regenmengen, ist daher bei diesem Verfahren nicht beobachtet worden. Bis zum Beginn des Versuches wird das kontinuierlich laufende Wasser durch eine Rinne aufgefangen und abgeleitet, die im Augenblick des Versuchsbeginns zur Seite gehoben und dort befestigt wird.

Laufgewichten — gleichzeitig eingestellt werden. Die seitliche Befestigung der Stoffmuster erfolgt durch kleine Nadelspitzen, die an dem Umfang der Trommel angebracht sind. Die Schmalseiten werden zusammengeheftet oder einfacher mit Nadeln oder Klammern zusammengesteckt. Durch Aufweifen von Garnen auf die Trommel besteht hier auch die Möglichkeit der Prüfung unverarbeiteter Garne nach einem Beregnungsverfahren. Im Inneren der Trommel befindet sich eine Wasserfangrinne, die das durchgedrungene Wasser für jede Probe gesondert ableiten soll. Diese Vorrichtung war an dem zur Verfügung gestellten Gerät nicht ganz in Ordnung, da jedoch auch bei den anderen Verfahren, die die durchgelaufene Wassermenge als Bewertung der Wasserdichtheit heranziehen, diese Zahlen große Schwankungen aufwiesen, ist bei der Prüfung des Verfahrens nach Franz und Henning ebenfalls mehr Wert auf die Messung der Wasseraufnahme als des durchgelaufenen Wassers gelegt worden. Ein im Innern der Trommel angeordneter Abstreifer aus weichem Gummi reibt gleichzeitig die aufgespannten Proben leicht von der Unterseite, soweit sie nicht von den die Trommel versteifenden Streben verdeckt ist.

Während der Beregnung wird die Trommel durch einen Elektromotor in Umdrehung (100 U/min) versetzt und gleichzeitig über einen Kettenantrieb der Tropfvorrichtung eine hin- und hergehende Bewegung erteilt. Nach der Beregnung wird durch einfache Umschaltung des Getriebes die Bewegung der Tropfvorrichtung abgestellt und durch Erhöhung der Umdrehungszahl der Trommel auf 1000 U/min das anhaftende Wasser von den Proben abgeschleudert.

Untersuchung verschiedener Einflüsse auf die Versuchsergebnisse

Die von Franz und Henning angegebenen Zahlen:
Beregnungsdauer 2 min
Schleuderdauer 2 min
Tropfenfallhöhe 50 cm

wurden nicht ohne weiteres übernommen. Insbesondere erscheint im Verhältnis zu den natürlichen Beanspruchungen die Beregnungsdauer von nur 2 min und die Tropfenfallhöhe von 50 cm zu gering. Da die höchste Einstellung für die Tropfvorrichtung 1 m war, andererseits aus den Versuchen mit Einzeltropfen bekannt war, daß die Wirksamkeit der Tropfen erst bei Fallhöhen über 150 cm etwa konstant wird, dürfte es angebracht sein, die Führungsstangen der Höheneinstellung bis mindestens zu dieser Höhe zu verlängern. Die Versuche sind vorläufig mit 1 m Fallhöhe durchgeführt worden.

Auch die Beregnungsdauer wurde heraufgesetzt, und zwar wird vorgeschlagen, auch hier Zeiten bis zu einer halben Stunde vorzusehen, wie sie das Amtsverfahren vorschreibt. Versuche über den Einfluß der längeren Beregnungszeit sowie einer verkürzten Schleuderdauer sind in der Zahlentafel 40 angegeben.

Zahlentafel 40
Beregnungsversuch (nach Franz und Henning): Einfluß der Beregnungs- und Schleuderdauer auf die aufgenommene Wassermenge

Stoffart	Dauer (min) der Beregnung	Dauer (min) des Schleuderns	Wasseraufnahme %	Mittlere Abweichung ± %
Gabardine (Wolle):				
a) unimprägniert.	15	2	102	6,3
	15	1	114	4,0
b) imprägniert.	2	2	8,8	17,1
	15	2	41,5	8,4
	15	1	45,5	7,7

Durch Verlängerung der Beregnungsdauer und Verkürzung der Schleuderdauer wird also die Reproduzierbarkeit der Ergebnisse verbessert.

Ein besonderer Vorteil des Gerätes wurde darin gesehen, daß die Spannung der Proben in beiden Richtungen einstellbar ist. Bei der Nachprüfung dieses Einflusses wurde gefunden, daß sich Wirkwaren seitlich nicht ganz spannen lassen. Besonders beim Befeuchten ist ihre Dehnbarkeit so groß, daß selbst ein geringer seitlicher Zug die Muster in ungeeigneter Weise auseinanderzieht. Bei Geweben wurde ein merklicher Unterschied im Rahmen der möglichen Belastung nicht gefunden (Zahlentafel 41).

Zahlentafel 41
Beregnungsversuch (Verfahren nach Franz u. Henning):
Einfluß der seitlichen Spannung auf die Wasseraufnahme

Bezeichnung der Proben		Wasseraufnahme in %		Mittlere Abweichung ± %	
Nr.	Stoffart	ohne Spannung	mit Spannung	ohne Spannung	mit Spannung
VDO 1	Gabardine (Wolle)	56,5	55,4	1,5	1,2
2	,,	45,4	47,7	1,9	2,2
3	,,	63,5	74,0	2,6	5,4

Versuchsbedingungen: Beregnungsdauer: 15 min, Schleuderdauer: 1 min, Tropfengröße: 0,04 cm³, Tropfenfallhöhe: 1 m, Tropfenzahl: 200/min, Regenmenge: 55 cm³/min und Probe. Angehängtes Spanngewicht: 2×50 g.

Versuchsergebnisse der Beregnungsprüfung nach Franz und Henning an typischen Vertretern des Versuchsmaterials

Nach den Vorversuchen wurden für Gewebe und Gewirke folgende Arbeitsweise als zum Vergleich mit den anderen Verfahren geeignet gefunden:

Tropfengröße: 0,04 cm³.
Tropfenzahl: 200/min und Probe.
Tropfenfallhöhe: 1 m.
Probengröße: 12×26 cm, je 2 Proben gleichzeitig.
Spannung der Proben längs: 2×50 g Anhängegewichte.
Spannung der Proben quer: geringe, gleichbleibende Spannung.
Bewegung der Proben im Regen: 100 U/min.
Dauer der Beregnung: 5, 15, 30 min.
Schleudergeschwindigkeit: 1000 U/min.
Schleuderdauer: 1 min.
Bewertung der wasserabweisenden Eigenschaften nach aufgenommener Wassermenge, berechnet auf Gesamtprobenfläche.

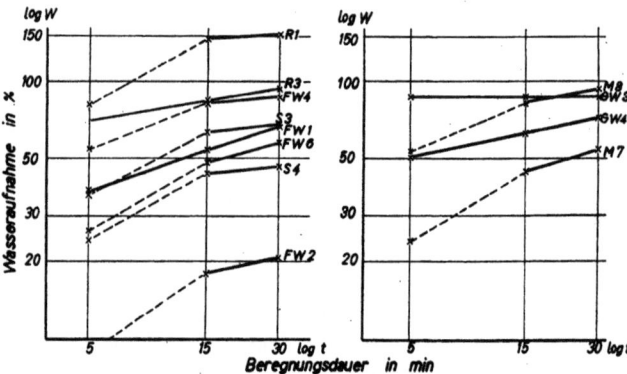

Bild 34. Beregnungsversuch nach Franz-Henning. Zeitabhängigkeit der Wasseraufnahme

	nicht imprägniert	imprägniert
Zeltbahnstoff (Baumwolle)	FW 1 u. 4	FW 2 u. 6
Wagenplane (Baumwolle)	S 3	S 4
Tuch (Wolle)	R 1	R 3
Schirmstoff (Seide)	GW 3	GW 4
Wirkware (Wolle)	M 8	M 7

Zahlentafel 42.

Beregnungsversuch: Ergebnisse der Versuche nach dem Verfahren von Franz und Henning (Gewebe und Gewirke)

Bezeichnung der Proben		Wasseraufnahme in % nach einer Beregnung von (min)			Mittlere Abweichung ± % nach einer Beregnung von (min)		
Nr.	Stoffart	5	15	30	5	15	30
FW 1	Zeltbahn Baumwolle)	37	54	67	—	6,3	—
	,,	9	18	21	—	2,1	—
4	,,	54	83	88	2,8	1,8	2,8
6	,,	26	49	58	9,9	5,9	1,7
S 3	Wagenplane (Baumw.)	36	63	69	1,3	3,5	1,8
4	,,	24	44	47	2,5	6,0	4,8
R 1	Tuch (Wolle)	81	148	154	1,2	1,4	2,6
3	,,	70	84	95	10,8	0,6	3,7
5	Loden (Wolle)	145	164	184	9,9	8,6	15,3
7	,,	93	113	134	4,3	5,0	8,6
VDO 1	Gabardine (Wolle)	48	64	88	2,8	2,4	1,7
2	,,	38	48	62	0,4	1,0	0,8
3	,,	58	81	92	5,6	7,4	4,6
K 1	Kleiderstoff (Baumw.)	47	72	81	1,9	2,0	2,5
2	,,	34	54	66	1,2	0,1	1,1
GW 3	Schirmstoff (reine Seide)	90	81	90	2,0	0,3	2,8
4	,,	52	66	75	4,8	1,5	5,3
G 1	Schirmstoff (Baumw.)	60	74	78	1,8	2,4	0
2	,,	84	74	78	5,0	4,8	1,3
F 5	Trikot (Baumwolle)	188	183	210	12,8	3,8	8,3
6	,,	127	154	198	23,8	7,5	11,8
M 7	Trikot (Wolle)	24	46	56	1,7	10,8	6,5
	,,	55	86	98	7,6	3,3	2,2
	Mittelwert:				5,4	3,8	4,3

Zahlentafel 43.
Beregnungsversuch:
Ergebnisse der Versuche nach dem Verfahren von Franz und Henning (Garne)

Bezeichnung der Proben		Wasseraufnahme[1] in %	Mittlere Abweichung ± %
Nr.	Spinnstoff		
M 3	Wolle	108	3,2
5	,,	116	1,8
8	,,	124	9,8
F 1	Baumwolle	140	0,7
3	Wolle	194	2,8
4	,,	148	5,0
	Mittelwert:		3,9

Bewegung der Tropfdüsen 60 mal/min hin und her. Die Versuchsergebnisse sind in Zahlentafel 42 zusammengestellt (Bild 34).

Für die Prüfung von Garnen wurden vorher gewogene Garnstränge von einem Haspel mit Hilfe des Fadenführers auf die langsam laufende Trommel aufgezogen. Hierbei ließ es sich nicht vermeiden, daß um eine genügende Garnmenge aufbringen zu können, das Garn in mehrfacher Lage aufgewickelt werden mußte. Nach der Beregnung wurde das Garn der Einfachheit halber und um Wasserverluste zu vermeiden, aufgeschnitten und abgenommen. Die sonstigen Versuchsbedingungen waren dieselben wie bei der Prüfung der Gewebe und Gewirke (Zahlentafel 43).

[1] Beregnungsdauer: 15 min.

IV. AUSWERTUNG DER VERSUCHSERGEBNISSE

A. Gesetzmäßigkeiten beim Beregnen und Trocknen

In den Bildern 14, 15, 19, 28, 31 und 34 ist gezeigt worden, daß die Wasseraufnahme zur Beregnungsdauer bei sämtlichen Beregnungsverfahren und auch beim Tauchverfahren zur Tauchdauer in eine Beziehung gesetzt werden kann, deren graphische Darstellung im doppelt logarithmischen Maßstab eine Gerade ergibt. Der Verlauf der Wasseraufnahme entspricht somit einer Parabel und kann durch eine Formel vom Typ

$$W = a\sqrt[b]{t}$$

ausgedrückt werden,
wobei W = die aufgenommene Wassermenge,
t = die Beregnungs- bzw. Tauchdauer,
a und b = unbenannte Zahlen

sind. Hierbei ist nicht nur der Ordinatenabschnitt, sondern auch der Neigungswinkel für jedes Gewebe verschieden, und zwar die Neigungswinkel in geringerem Maße als die Ordinatenabschnitte.

Bei allen Versuchen, für die die Beziehung zwischen Wasseraufnahme und Einwirkungszeit untersucht worden ist, wurde gefunden, daß im Beginn des Versuchs Abweichungen vom gesetzmäßigen Verlauf auftreten, indem hier die Wasseraufnahmegeschwindigkeit in den meisten Fällen etwas größer ist. Wenn auch für den Versuchsbeginn zahlenmäßige Feststellungen nicht vorliegen, so läßt sich doch aus allgemeinen Überlegungen der mutmaßliche Verlauf der gesamten Kurve ableiten und erklären. Die Tatsache, daß die Kurve mindestens zwei Teile mit eigener Gesetzmäßigkeit aufweist, läßt darauf schließen,

daß der Vorgang der Wasseraufnahme aus mehreren grundsätzlich und zeitlich verschiedenen Teilvorgängen besteht. Man kann sogar annehmen, daß es sich um drei verschiedene

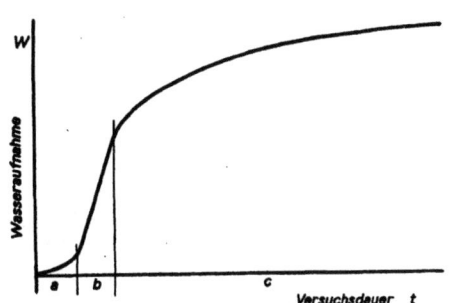

Bild 35. Schematische Darstellung des Verlaufs der Wasseraufnahme bei der Prüfung auf wasserabweisende Eigenschaften

a = Benetzungsvorgang, b = Kapillaraufsaugung,
c = Quellvorgang

Vorgänge handelt (Bild 35), die sich mit gewissen Überschneidungen nacheinander abspielen:

1. der vorbereitende Netzvorgang, bei verhältnismäßig geringer Wasseraufnahme,

2. die mit großer Geschwindigkeit vor sich gehende Aufsaugung der Gewebe-Kapillaren nach eingetretener Netzung,

3. der Quellvorgang in der Faser, dessen Gesetzmäßigkeit durch den parabolischen Verlauf bzw. die Gerade in doppelt logarithmischer Darstellung zum Ausdruck kommt.

Aus diesem allgemeinen Verlauf der Wasseraufnahme,

läßt sich für die praktische Ausführung der Schluß ziehen, daß zu kurze Einwirkungszeiten zu vermeiden sind, und daß es sich empfiehlt, die Prüfung am selben Muster in mehrere Zeitabschnitte zu zerlegen.

Ebenso wie die Wasseraufnahme folgt die **Wasserabgabe beim Trocknen** bestimmten Gesetzmäßigkeiten, die ebenfalls nicht ganz einfacher Natur sind. Die in Bild 36

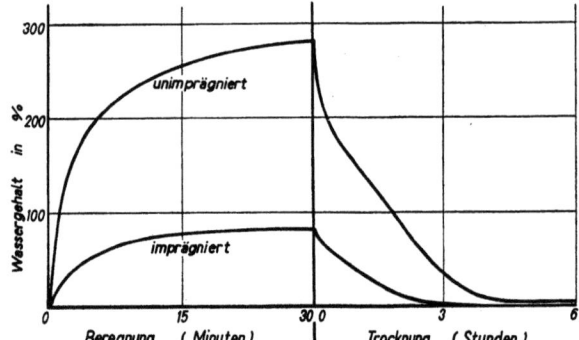
Bild 36. Beregnungsversuch. Wasseraufnahme beim Beregnen und Trocknungsgeschwindigkeit von Uniformtuchen

wiedergegebenen Wasserabgabe-Kurven zeigen schon an der Form, daß der gesamte Trocknungsvorgang aus drei Abschnitten besteht. Das erste, ziemlich steil abfallende Kurvenstück entspricht der Zeit, während der noch Wasser im Gewebe zusammenläuft und unten abtropft. Darauf folgt eine Periode der gleichmäßigen Wasserverdunstung, wie sie von jeder offenen Wasseroberfläche aus erfolgt; die Wasserabgabe ist in diesem Abschnitt proportional der Zeit. Gegen das Ende der Trocknung geht die Kurve in ein asymptotisch zur Abszisse verlaufendes Stück über, das der Wasserabgabe von Textilien beim Übergang von höherer zu niederer Luftfeuchtigkeit entspricht. Dieser dritte Abschnitt umfaßt den Bereich des Feuchtigkeitsgehaltes der Textilfasern für das Intervall zwischen 100 und 65% relativer Luftfeuchtigkeit. Das ursprüngliche Gewicht wird

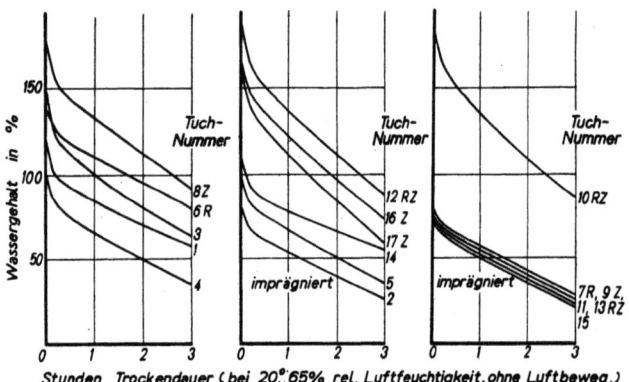
Bild 37. Beregnungsversuch. Verlauf der Trocknung beregneter Uniformtuche. R = Reißwolle-, Z = Zellwolle-haltiges Tuch

hierbei erst nach längeren Zeiträumen, teilweise erst nach stärkerer Trocknung wieder genau erreicht. Die nach einer hyperbolischen Funktion erfolgende Abgabe der hygroskopischen Feuchtigkeit ist, abgesehen vom Luftfeuchtigkeitsintervall, auch im starken Maße von der Lufttemperatur und der Luftbewegung abhängig.

Da die Hauptmenge des abzugebenden Wassers auf den mittleren Kurventeil entfällt, dessen Neigungswinkel, wie aus Bild 37 hervorgeht, im allgemeinen nicht sehr verschieden sind, wird die Trocknungsdauer hauptsächlich durch die Höhe des Wassergehaltes beim Trocknungsbeginn bestimmt. Für die Beurteilung der hygienischen Eigenschaften, bei denen auch auf ein rasches Trocknen naß-

gewordener Kleidungstücke Wert gelegt wird, kann daher häufig auf die direkte Bestimmung der Trockendauer verzichtet werden. Diese Bestimmung bietet nämlich dort, wo kein klimatisierter Raum vorhanden ist, wegen der oben genannten Abhängigkeit der Trocknungsgeschwindigkeit von der Temperatur, der relativen Luftfeuchtigkeit und der Luftbewegung, Schwierigkeiten.

Eine Begleiterscheinung der Wasseraufnahme ist der durch Quellung und Erfüllung der Kapillaren mit Wasser eintretende Porenverschluß, der die hygienisch wichtige **Luftdurchlässigkeit** der Gewebe stark beeinträchtigt und in vielen Fällen völlig verhindert. Beim Trocknen kehrt die Luftdurchlässigkeit erst nach längerer Zeit zurück. Da die Luftdurchlässigkeit schon im trocknen Zustand stark von dem Aufbau des Gewebes bzw. Gewirkes abhängt, kann nicht vorausgesagt werden, bei welchem Wassergehalt der Durchgang der Luft durch das Gewebe verhindert oder wieder freigegeben werden wird. Dieser Wert, oder auch die zugehörige Beregnungs- und Trocknungsdauer, muß daher für jeden Einzelfall besonders bestimmt werden. Die Prüfung der Gewebe und Gewirke auf Luftdurchlässigkeit erfolgt nach DIN DVM 3801 bei einer Prüffläche von 20 cm² und einem Unterdruck von 20 mm Wassersäule. Dieser Druck erscheint jedoch für Kleidungsstücke reichlich hoch; er wird daher für die Zwecke der Prüfung auf hygienische Eigenschaften besser auf 10 mm herabgesetzt, wie dies z. B. im Amt üblich ist.

Ein Beispiel für das Verhalten beregneter Tuche ist in Bild 38 gegeben. Hierbei fällt gleichzeitig auf, daß durch

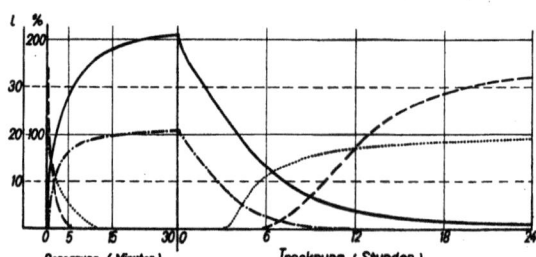
Bild 38. Luftdurchlässigkeit von Tuchen beim Beregnen und Trocknen

Wasseraufnahme beim Beregnen in % { ——— unimprägniertes Tuch / —·—·— imprägniertes Tuch

Luftdurchlässigkeit in l/dm²/min bei einem Unterdruck von 10 mm WS { ——— unimprägniertes Tuch / ······· imprägniertes Tuch

die Imprägnierung die Luftdurchlässigkeit in diesem besonderen Falle schon im lufttrocknen Zustand merklich herabgesetzt war. Meist wird nach dem gänzlichen Trocknen die ursprüngliche Luftdurchlässigkeit nicht völlig wieder erreicht, da beim Benetzen und spannungslosen Trocknen häufig eine Schrumpfung und damit eine Veränderung der Gewebeporen eintritt.

B. Reproduzierbarkeit der Versuchsergebnisse

Für die Brauchbarkeit eines Prüfverfahrens sind zwei Bedingungen von entscheidender Bedeutung:

1. eine weitgehende Übereinstimmung der Versuchsergebnisse mit den Erfahrungen der Praxis,
2. eine genügende Reproduzierbarkeit der Zahlenwerte.

Während bei den Wasserdicht-Prüfverfahren die Einfachheit der Prüfung selbst und ihrer Versuchsbedingungen Gewähr dafür bietet, daß die Versuchsergebnisse den Anforderungen des praktischen Gebrauchs genügend entsprechen, erscheint es bei den wesentlich komplizierteren Beregnungs-Prüfverfahren wünschenswert, sich über ihre Beziehungen zum Verhalten der Stoffe bei einem Trageversuch im Regen Aufschluß zu verschaffen.

1. Übereinstimmung mit praktischen Tragversuchen

Eine solche Kontrolle der nach dem Amtsverfahren festgestellten Wasseraufnahmefähigkeit wurde durch praktische Tragversuche, die von einer Industriefirma ausgeführt wurden, vorgenommen. Für diese Versuche wurden aus 17 Tuchproben Uniformen hergestellt, und zwar handelte es sich um reinwollene Tuche sowie solche mit Zellwoll- und Reißwoll-Beimischungen; von sämtlichen Tuchen lagen sowohl nicht imprägnierte als auch imprägnierte Stücke vor:

Zahlentafel 44

Probennummer		Spinnmaterialzusammensetzung			Stoffgewicht g/m²	
nicht imprägniert	imprägniert	Wolle %	Reißwolle %	Zellwolle %	nicht imprägniert	imprägniert
1 u. 3	2	25 dtsch. 75 ausl.	—	—	516, 499	509
4	5	100 grobe Schurwolle	—	—	442	446
6	7	70	30	—	503	511
8	9	75	—	25 Vistra	510	530
10	11	50	30	20 ,,	497	493
12	13	70	20	10 ,,	460	500
14	15	100 gute Kapwolle	—	—	505	511
16	—	91	—	9 Cuprama	500	—
17	—	90	—	10 ,,	487	—

Mit diesen Uniformen bekleidete Menschen bewegten sich eine bestimmte Zeit (15 und 30 Minuten) in einem kräftigen Regen. Durch Wägung der Uniformen vor und nach der Beregnung wurde die aufgenommene Wassermenge bestimmt. Die erhaltenen Zahlen wurden den im Amt ermittelten gegenübergestellt und ergaben bei der vergleichsweisen Bewertung eine hervorragende Übereinstimmung. Die in Bild 39 wiedergegebenen Kurven zeigen

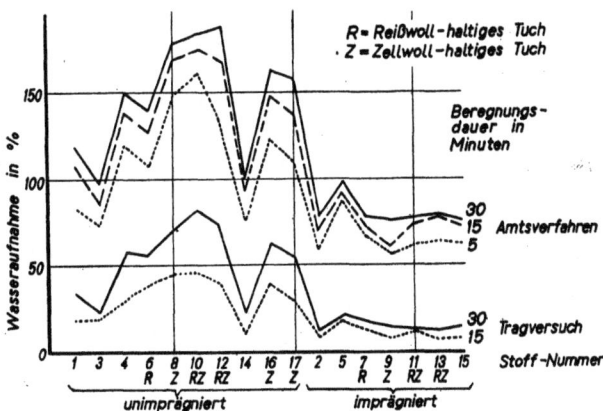

Bild 39. Beregnungsversuch. Wasseraufnahme beim Beregnen von Uniformtuchen

dieses augenfällige Parallellaufen beider Kurvenscharen und beweisen, daß die Prüfung an den verhältnismäßig kleinen Proben sogar genauer ist als der Tragversuch an ganzen Uniformen, da hierbei offenbar die Versuchsbedingungen wesentlich besser konstant gehalten werden können.

2. Übereinstimmung gleichzeitig durchgeführter Prüfungen

Für die Erfüllung der zweiten Bedingung, die Wiederholbarkeit der Prüfungsergebnisse, ist nicht nur zu fordern, daß gleichzeitig nebeneinander durchgeführte Prüfungen eine nur geringe Abweichung der Ergebnisse voneinander zeigen, vielmehr dürfen auch die zu verschiedenen Zeiten und bei verschiedenen Prüfstellen ermittelten Werte eine gewisse, die Brauchbarkeit des Prüfverfahrens in Frage stellende Streugrenze nicht überschreiten. Die Voraussetzung kleinster Streuung bei gleichzeitig nebeneinander ausgeführten Versuchen war schon bei der Besprechung der Einflüsse abweichender Arbeitsbedingungen auf die Versuchsergebnisse maßgebend für die Beibehaltung oder Abänderung der vorgeschlagenen Arbeitsverfahren (Abschn. III). Im folgenden sind noch einmal die mittleren Abweichungen des Einzelwerts vom Mittelwert (Zahlentafel 45) und eine kurze Vergleichsübersicht für die jeweils am günstigsten abschneidenden Arbeitsbedingungen jedes Prüfverfahrens (Zahlentafel 46) zusammengestellt. (Siehe S. 34.)

Für die Beregnungsversuche und Tauchverfahren sind die diesen Zahlen zugrunde liegenden Einzelwerte auch graphisch in Bild 40, 41 dargestellt, mit Ausnahme der Beregnungsversuche nach Franz und Henning, die nur mit einem Teil des Versuchsmaterials durchgeführt worden sind. Für diesen Teil sind die mit den beiden anderen Beregnungsverfahren erhaltenen Werte herausgezogen und in Bild 42 den nach dem Franz-Henning-Verfahren gewonnenen gegenübergestellt worden.

Die Zahlentafel 45 läßt erkennen, daß einzelne Prüfverfahren wegen zu großer Streuung als zu wenig zuverlässig anzusehen sind: der

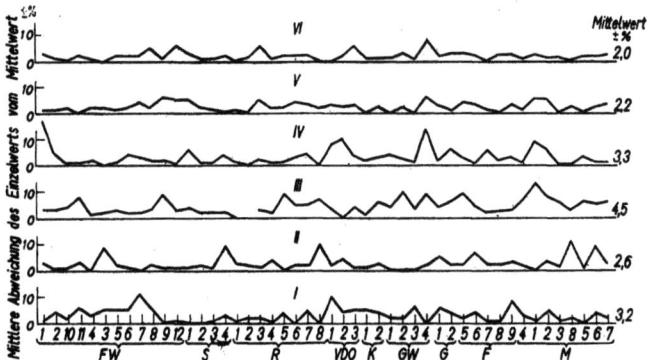

Bild 40. Tauch- und Beregnungsversuche. Vergleich der Streuungen in der Wasseraufnahme

I Tauchverfahren, Tauchdauer 120 s
II Tauchverfahren nach Becker, Tauch- und Schleuderdauer 60 s
III Bundesmann-Verfahren, Beregnungsdauer 10 min
IV Amtsverfahren, Beregnungsdauer 5 min
V Amtsverfahren, ,, 15 min
VI Amtsverfahren 30 min

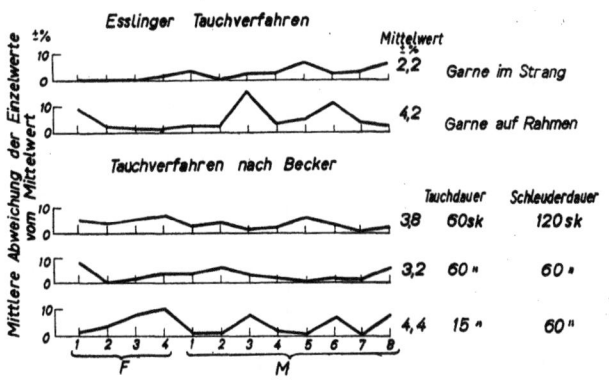

Bild 41. Tauchversuch. Vergleich der Streuungen in der Wasseraufnahme (Garne)
F 1 u. 2 Baumwollgarne F 3 u. 4 und M 1—8 Wollgarne

Einzeltropfversuch und alle Prüfverfahren, bei denen die Bewertung nach der durchgelaufenen Wassermenge erfolgt (Bild 43, 44). Bei den übrigen Verfahren liegt die Streuung bei der günstigsten Prüfungsausführung

Zahlentafel 45.
Zusammenstellung der durchschnittlichen Streuung der Prüfverfahren bei gleichzeitiger Ausführung[1] am selben Ort

Prüfverfahren	Kennzeichnung der Versuchsbedingungen		Mittlere Abweichung des Einzelwerts vom Mittelwert ± %	Versuchsmaterial
Muldenversuch (Wasseraufnahme)	ohne Erschütterung mit Erschütterung		1,5 2,8	4 Stoffe
Wassersäulenversuch			38,2	17 Stoffe
Wasserdruckversuch	nach dem 1. Tropfen ,, ,, 2. ,, ,, ,, 3. ,, ,, ,, 4. ,,		6,5 3,5 3,0 2,9	35 Stoffe
Tauchverfahren Eßlingen	Tauchdauer 10 s ,, 30 ,, ,, 60 ,, ,, 90 ,, ,, 120 ,,		5,7 4,0 3,7 3,3 3,2	48 Stoffe und Gewirke
	,, 10 ,, ,, 30 ,, ,, 60 ,, ,, 90 ,, ,, 120 ,,		5,1 6,9 4,0 4,5 4,2	12 Garne auf Rahmen
	,, 10 ,, ,, 30 ,, ,, 60 ,, ,, 90 ,, ,, 120 ,,		6,6 4,2 2,3 2,8 2,2	12 Garne im Strängchen
Tauchverfahren nach Becker	Tauchdauer 15 s 60 ,, 60 ,,	Schleuderdauer 60 s 60 ,, 120 ,,	4,0 2,6 3,4	48 Stoffe und Gewirke
	15 ,, 60 ,, 60 ,,	60 ,, 60 ,, 120 ,,	7,2 3,6 3,7	12 Garne
Einzeltropfversuch[2]	bei verschiedenen Versuchsbedingungen		25	2 Stoffe
Beregnungsversuch nach dem Amtsverfahren	Beregnungsdauer 5 min ,, 15 ,, ,, 30 ,,		3,3 2,2 2,0	48 Stoffe und Gewirke
Beregnungsversuch nach Bundesmann	Wasseraufnahme nach 10 min durchgelaufene Wassermenge		4,5 15,3	48 Stoffe und Gewirke
Beregnungsversuch nach Franz und Henning	Beregnungsdauer 5 min ,, 15 ,, ,, 30 ,,		5,4 3,8 4,3	23 Stoffe und Gewirke

[1] Jeweils 2—4 Versuche.
[2] Je 15 Versuche.

Zahlentafel 46. Kurzübersicht zur Tabelle 45

Prüfverfahren	Streuung (± %)			
	Gewebe + Gewirke (48)	nur Gewebe (35)	einzelne Gewebe (23)	Garne (12)
Wasserdruckversuch (4. Tropfen)	—	3,0	—	—
Eßlinger Tauchverfahren (120 s)	3,2	3,4	3,7	2,2
Becker-Tauchverfahren (60/60 s)	2,6	2,4	3,2	3,6
Beregnung Franz u. Henning (15 min)	—	—	3,8	3,9
Beregnung Bundesmann (10 min)	4,5	4,0	3,9	—
Amtsverfahren (30 min)	2,0	2,2	2,3	—

zwischen ±2,0 und ±4,5%; diese Prüfverfahren unterscheiden sich also in der Reproduzierbarkeit nicht so stark und sind für technische Prüfungen hinreichend genau.

Für ein genormtes Prüfverfahren, das als amtliches oder Schiedsverfahren Anwendung finden soll, kommen verständlicherweise in erster Linie diejenigen Verfahren in Betracht, welche die geringsten Streuungen aufweisen. Beim Vergleich der Prüfverfahren fällt auf, daß die geringsten Streuungen jeweils dann vorliegen, wenn dem Einzelwert eine größere Probenfläche zugrunde gelegt wird. Damit erfolgt bereits ein Ausgleich der im Gewebe vorhandenen Ungleichmäßigkeiten. Grundsätzlich muß daher die Verwendung größerer Prüfflächen angestrebt werden, da die vermeintliche Ersparnis an Probematerial auf einem Trugschluß beruht. Zur Erzielung gleicher Genauigkeit müßte nämlich bei kleinen Prüfflächen die Zahl der Einzelversuche so bedeutend vermehrt werden, daß die Materialersparnis — abgesehen von der Mehrarbeit — wieder aufgehoben wird.

Auch die Versuchsdauer ist von merklichem Einfluß auf die Streuung. Bei allen Prüfverfahren, bei denen der Prüfvorgang zeitlich verfolgt worden ist, wie z. B. beim Eßlinger Tauchverfahren, beim Tauchverfahren nach Becker und bei den Beregnungsversuchen, hat sich gezeigt, daß die Streuung mit zunehmender Versuchsdauer merklich geringer wird.

Eine weitere Quelle von Abweichungen ist die Art der Entfernung des außen anhaftenden Wassers von den feuchten Proben, bevor sie zur Bestimmung der aufgenommenen Wassermenge zur Wägung gebracht werden. Bei den untersuchten Prüfverfahren sind hierfür folgende Arbeitsweisen verwendet worden:

1. einfaches Aushängen zum Abtropfen,
2. Abdrücken mit Fließpapier,
3. Abspritzen durch Herabfallenlassen eines Gewichtes,
4. Ausschlagen mit der Hand,
5. Ausschleudern.

Von diesen sind die Verfahren 2, 3 und 4 schwer mit genügender Eindeutigkeit festzulegen und daher stark von der Geschicklichkeit und der Gewohnheit des Ver-

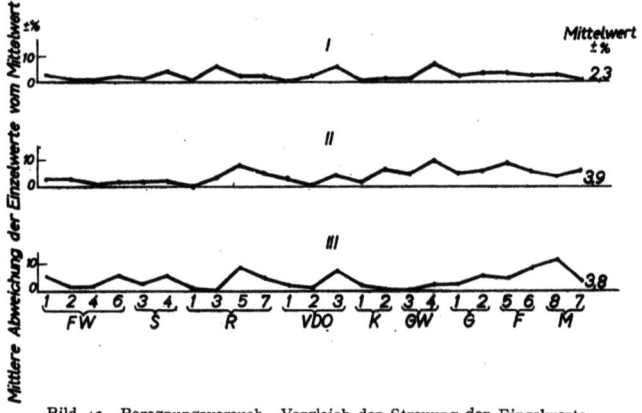

Bild 42. Beregnungsversuch. Vergleich der Streuung der Einzelwerte bei den drei Beregnungsverfahren
Beregnungsdauer
I Amtsverfahren   30 min
II Beregnungsverfahren nach Bundesmann   10 ,,
III Beregnungsverfahren nach Franz und Henning   15 ,,

suchsausführenden abhängig. So sind z. B. die auf S. 26 beschriebenen Versuche, die nach dem Amtsverfahren beregneten Proben in definierter Weise durch Abdrücken mit Fließpapier vom überschüssigen Wasser zu befreien, aufgegeben worden, da hierdurch die Streuungen größer wurden. Offenbar ist es nicht möglich, den Druck auf alle Teile der Probe gleichmäßig zu verteilen. Das Abspritzen der Proben nach dem Eßlinger Tauchverfahren ist eben-

schlagens das Ergebnis beeinflussen, geht aus folgenden Zahlenwerten hervor:

ohne Ausschlagen	180% Wasseraufnahme
schwaches Ausschlagen. .	138% ,,
kräftiges Ausschlagen . .	123% ,,
starkes Ausschlagen . . .	111% ,,

(Probematerial: Uniformtuch R 3, imprägniert.)

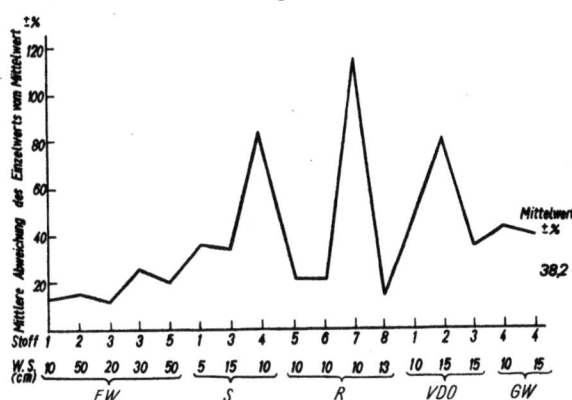

Bild 43. Wassersäulenversuch. Streuung der stündlich durchgelaufenen Wassermenge bei verschiedenen Wassersäulenhöhen

FW Zeltbahnstoff (Baumwolle) VDO Gabardine (Wolle)
R { 1—4 Tuche (Wolle)   GW Schirmstoff (Seide)
  { 5—8 Loden (Wolle)

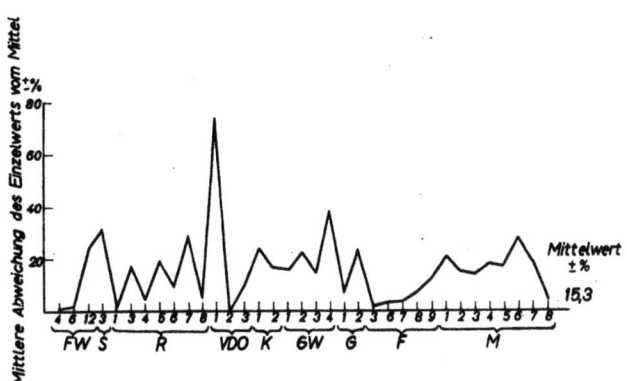

Bild 44. Beregnungsversuch nach Bundesmann. Streuung in der durchgelaufenen Wassermenge

FW baumwollene Zeltbahnstoffe   GW { 1 u. 2 kunstseidener Mantelstoff
S   baumwollene Wagenplane   { 3 u. 4 seidener Schirmstoff
R { 1—4 wollene Tuche   G   baumwollener Schirmstoff
  { 5—8 wollene Loden   F { 5 u. 6 baumwollene Wirkware
K   baumwollener Kleiderstoff   { 7—9 baumwollene Wirkware
                                 M 1—8 wollene Wirkware

falls, trotz einer anscheinend genauen Arbeitsanweisung, stark von der Geschicklichkeit des Versuchsausführenden abhängig, Wasserverluste vor der Wägung der feuchten Proben zu vermeiden. Die an sich geringen Gewichtsdifferenzen stellen, in % der kleinen Probengewichte ausgedrückt, naturgemäß erhebliche Abweichungen dar (vgl. Zahlentafel 47).

Zahlentafel 47.
Nachprüfung der Wiederholbarkeit der Prüfergebnisse nach längeren Zeiträumen

Prüfverfahren	Versuchs-bedingungen[1]	FW 11 Zeltbahn (Baumwolle) 1936/37	1939	R$_8$ Tuch (Wolle) 1936/37	1939	VDO$_2$ Gabardine (Wolle) 1936/37	1939
Wasserdruckversuch[2])	1. Tropfen	52*	60	—	—	—	—
	2. ,,	55*	61	—	—	—	—
	3. ,,	58*	63	—	—	—	—
	4. ,,	59*	65	—	—	—	—
Tauchversuch[3] (Eßlingen)	10 s	17	34	49	36	31	32
	30 ,,	27	54	77	66	47	51
	60 ,,	33	68	92	82	52	67
	90 ,,	37	81	106	103	57	80
	120 ,,	40	87	107	105	59	88
Tauchverfahren[3] (Becker)	15/60 s	10	9,6	—	—	—	—
	60/60 ,,	16	16	—	—	—	—
	60/120,,	13	13	—	—	—	—
Beregnung[3] (Amtsverf.)	5 min	20	17	62	68	58	51
	15 ,,	26	24	79	78	72	72
	30 ,,	29	28	87	89	78	79
Beregnung[3] (Bundesmann)	10 ,,	29	30	132	129	102	104

[1] Vgl. ausführliche Versuchsbeschreibung der einzelnen Verfahren.
[2] Die Zahlen geben die Wasserdruckhöhen in Zentimeter an. Die mit * versehenen Werte sind 1933 bestimmt worden.
[3] Die Zahlen geben die Wasseraufnahme in % an.

Ähnlich verhält es sich auch mit den Streuungen beim Beregnungsversuch nach Bundesmann; hier sind für die größere Ungleichmäßigkeit nicht nur die geringe Probengröße und die ziemlich kurze Versuchsdauer, sondern auch die nicht eindeutig zu beschreibende Art des Ausschlagens bestimmend. Wie weitgehend die Bedingungen des Aus-

Beim Ausschleudern können zwar die Versuchsbedingungen sehr genau festgelegt werden, die Ergebnisse haben jedoch wider Erwarten gezeigt (vgl. das Tauchverfahren nach Becker und das Beregnungsverfahren nach Franz und Henning), daß die Streuung verhältnismäßig hoch ist und durch Verlängerung der Schleuderdauer noch erhöht wird. Als das zweckmäßigste Verfahren hat sich infolgedessen das einfache Aushängen der Proben zum Abtropfen erwiesen.

3. Übereinstimmung nach längeren Zeiträumen wiederholter Prüfungen

Da gelegentlich, z. B. in Streitfällen, die Wiederholung einer „Wasserdicht"- oder „Wasserabweisend"-Prüfung am gleichen Versuchsmaterial, aber nach längeren Zeiträumen notwendig ist, interessiert die Frage, inwieweit sich die Ergebnisse auch in solchen Fällen noch reproduzieren lassen. Bei der Gegenüberstellung von Ergebnissen, die zu verschiedenen Zeiten gewonnen worden sind, wird man jedoch zu berücksichtigen haben, daß etwa auftretende Abweichungen nicht allein auf die mangelhafte Wiederholbarkeit der Versuchsbedingungen, sondern auch auf möglicherweise eingetretene Veränderungen des Prüfmaterials zurückgeführt werden können. Bei der Nachprüfung dieser Frage wurden daher am gleichen Versuchsmaterial die wichtigsten Prüfverfahren nach 2—3 Jahren erneut durchgeführt, um aus einer etwa feststellbaren gleichgerichteten Abweichung den Einfluß der Stoffveränderung erkennen zu können.

Aus den in Zahlentafel 47 aufgeführten Werten geht hervor, daß bei den meisten Prüfverfahren eine gute Übereinstimmung vorliegt; eine Veränderung der Stoffproben durch die Lagerung ist somit nicht anzunehmen. Die z. T. merkliche Abweichung beim Eßlinger Tauchverfahren muß also auf eine ungenügende Definition der Versuchsbedingungen zurückzuführen sein. Eine besondere Rolle spielt dabei offenbar die Art des Abspritzens der Muster.

4. Übereinstimmung an verschiedenen Orten durchgeführter Prüfungen

Die Tatsache einer guten Reproduzierbarkeit bei einer Prüfstelle bietet noch keine Gewähr dafür, daß auch von einer anderen Prüfstelle nach dem gleichen Prüfverfahren dieselben Zahlenwerte erhalten werden. Abweichungen können entstehen, sobald die Versuchsbedingungen nicht in allen Punkten definierbar sind, d. h. Arbeitsvorgänge enthalten, die dem subjektiven Einfluß des Versuchsausführenden unterworfen sind. Es ist durchaus denkbar, daß diese subjektiven Einflüsse durch die sorgfältige Arbeit des Versuchsausführenden zu einem konstanten Faktor werden, der jedoch bei jeder Prüfstelle einen anderen Wert hat. In diesem Falle müssen die Abweichungen in den Ergebnissen beider Prüfstellen gesetzmäßiger Art sein.

Zur Feststellung solcher Unterschiede wurden gemeinschaftlich mit dem Deutschen Forschungs-Institut für Textilindustrie in Dresden nach genau festgelegten Versuchsbedingungen vergleichende Untersuchungen an einer größeren Zahl von Stoffmustern ausgeführt. Da diese Versuche bereits in den Jahren 1933/34 ausgeführt worden sind, als über die Brauchbarkeit der Prüfverfahren noch kein abschließendes Urteil abgegeben werden konnte, war für die Auswahl vor allem der Gesichtspunkt maßgebend, daß die Versuchsanordnung mit einfachen Mitteln hergerichtet werden konnte. Von den zunächst für den Vergleich vorgesehenen Prüfverfahren: Muldenversuch, Tauchversuch, Beregnungsversuch und Wasserdruckversuch wurde der Muldenversuch wegen seiner geringen Bedeutung und der Beregnungsversuch, da die Beschaffung einer zweiten gleichartigen Apparatur nicht möglich war, außer Betracht gelassen. Für die beiden anderen Prüfverfahren ergab die vergleichende Gegenüberstellung der Prüfergebnisse die in den Bildern 45 und 46

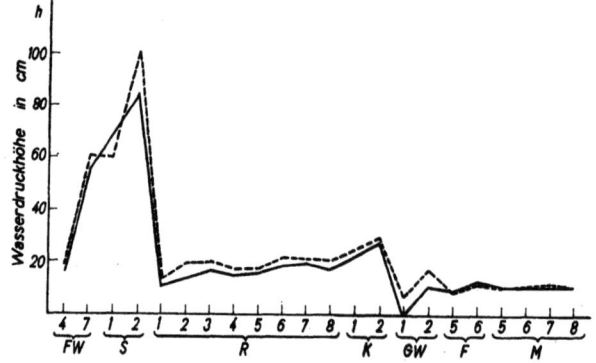

Bild 45. Wasserdruckversuch. Vergleich der Ergebnisse des Forschungsinstituts Dresden ——— und des Materialprüfungsamts Dahlem ··········
FW baumwollene Zeltbahnstoffe   K baumwollener Kleiderstoff
S   baumwollene Wagenplane   GW kunstseidener Mantelstoff
R {1—4 wollene Tuche   F baumwollene Wirkware
  {5—8 wollene Loden   M wollene Wirkware

dargestellten Verhältnisse. Der allgemeine Verlauf der Kurven läßt erkennen, daß sowohl beim Wasserdruckversuch als auch beim Eßlinger Tauchversuch die in Dahlem gewonnenen Werte fast durchweg über den Dresdener Werten liegen. Die in den meisten Fällen nicht sehr beträchtlichen Abweichungen streuen jedoch so, daß ein Umrechnungsfaktor nicht aufgestellt werden konnte. Offenbar ist diese Streuung durch die zu geringe Zahl der Einzelversuche bedingt. Bei beiden Prüfstellen wurden daher Reihen von je 20 Versuchen an drei Geweben nach dem Eßlinger Tauchverfahren durchgeführt (Zahlentafel 48).

Ein Vergleich der beiden Versuchsreihen läßt erkennen, daß bei zwei Stoffen eine verhältnismäßig gute Übereinstimmung, beim dritten aber — obwohl die Dahlemer Zahlenwerte für den dritten und den ersten

Zahlentafel 48.
Reihenversuche Dahlem/Dresden nach dem Eßlinger Tauchverfahren

Probematerial: S 1 = Wagenplane, unimprägniert
               R 2 = Tuch, imprägniert M
               GW 2 = Regenmantelstoff (Kunstseide), imprägniert

Stoffbezeichnung	Tauchdauer	Wasseraufnahme % [1]		△ %	Mittl. Abweichung ± %		Variationsbreite	
		Dresden	Dahlem		Dresden	Dahlem	Dresden	Dahlem %
S 1	10 s	26,6	25,6	1,0	7,7	10,9	46	63
	30 ,,	37,2	39,0	+ 1,8	6,4	7,6	35,5	48
	60 ,,	42,9	46,8	+ 3,9	6,2	11,5	29	52
	90 ,,	46,7	51,7	+ 5,0	5,6	8,3	25	33
	120 ,,	49,9	55,5	+ 5,6	5,1	6,1	23,5	31
R 2	10 ,,	69,2	55,5	—13,7	9,2	12,9	36	52
	30 ,,	100,9	90,1	—10,8	5,7	7,9	30	25
	60 ,,	114,8	112,9	— 1,9	3,9	6,9	18	29
	90 ,,	123,0	123,6	+ 0,6	2,9	4,9	16	28
	120 ,,	127,7	133,7	+ 6,0	2,9	4,8	14	22
GW 2	10 ,,	54,6	25,5	—29,1	9,4	12,6	47	56
	30 ,,	65,3	42,5	—22,8	6,1	10,1	30	28
	60 ,,	69,5	46,6	—22,9	5,7	5,1	25	23
	90 ,,	(72,5)	48,4	(—24,1)	—	4,1	—	24
	120 ,,	—	50,3	—	—	4,6	—	20
	Gesamtmittelwert:				7,0	7,9	28,8	35,6

[1] Mittel aus je 20 Einzelwerten.

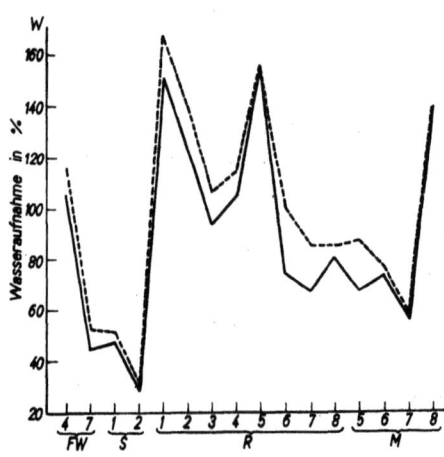

Bild 46. Eßlinger Tauchversuch. Vergleich der Versuchsergebnisse. des Forschungsinstituts Dresden ——— und des Materialprüfungsamts Dahlem - - - - -
FW Zeltbahnstoff (Baumwolle),   R {1—4 Tuche (Wolle)
S Wagenplane (Baumwolle)   {5—8 Loden (Wolle)
         M Wirkware (Wolle)

Stoff sehr ähnlich sind — eine erhebliche Abweichung vorhanden ist. Im übrigen fällt auf, daß mit zunehmender Tauchdauer der Unterschied einen deutlichen Gang aufweist. Die Genauigkeit der Prüfergebnisse, gemessen an der mittleren Abweichung des Einzelwerts vom Mittelwert und der Variationsbreite, ist dabei bei beiden Prüfstellen etwas verschieden, was dadurch zu erklären ist, daß offenbar in der Geschicklichkeit und Übung der beiden Versuchsausführungen Unterschiede bestanden haben müssen. Für den wichtigen Beregnungsversuch müssen derartige Vergleichsversuche an verschiedenen Orten noch durchgeführt werden.

C. Versuch der Auffindung einer Beziehung zwischen Ergebnissen verschiedener Prüfverfahren

Eine Umrechnung der nach den verschiedenen Prüfverfahren erhaltenen Prüfergebnisse ineinander wäre nicht nur von theoretischem Interesse, sondern auch von Wert für diejenigen Instituts- und Industrielaboratorien, die bisher eins der oben beschriebenen Prüfverfahren ständig angewandt haben. Voraussetzung für eine solche Umrechnung ist, daß

1. das Ergebnis überhaupt zahlenmäßig ausdrückbar ist;
2. die Versuchsergebnisse durch eine einzige Zahl eindeutig darstellbar sind;
3. die ineinander umzurechnenden Maßzahlen der verschiedenen Prüfverfahren auf gemeinsame physikalische Grundbegriffe, z. B. die Grenzflächenspannung, zurückzuführen sind.

Für die „Wasserdicht-Prüfverfahren" ist die Erfüllung dieser Forderung von vornherein aussichtslos. Die Muldenprobe läßt nur selten eine zahlenmäßige Bewertung der Dichtheit zu, und beim Wassersäulenversuch kann ein Vergleich nur bei wenigen, bestimmten Warenarten in Frage kommen, für die die Druckhöhe konstant gehalten werden kann. Bei Differenzen in der Höhe des anzuwendenden Prüfdruckes, die durch sehr unterschiedliche Gewebeart oder Imprägnierung bedingt sind, kann durch Vergleich von Druckhöhe und Prüfdauer bis zum Durchdringen des Wassers höchstens eine rohe Schätzung, aber keine genaue Bewertung der Wasserdichtheit vorgenommen werden. Lediglich bei der Wasserdruckprüfung, bei der die Versuchsbedingungen für alle in Frage kommenden Warengattungen gleich gehalten werden können, ist der Vergleich mit Hilfe einer einzigen Wert-Zahl, nämlich der Wasserdruckhöhe beim Durchdringen der ersten Wassertropfen, möglich.

Wesentlich günstiger sind die Aussichten für die Umrechnung der Ergebnisse der „Wasserabweisend-Prüfverfahren" ineinander. Hierbei ist für die Bewertung stets nur die unter den verschiedenen, aber in sich konstanten Prüfbedingungen aufgenommene Wassermenge allein ausschlaggebend. In jedem Fall entspricht einer besseren Imprägnierung die kleinere Wasseraufnahme, so daß Unterschiede lediglich in der verschiedenen Neigung bzw. Krümmung der die Beziehung zwischen Imprägnierungsgüte und Wasseraufnahme darstellenden Kurve bestehen können. Diese einzelnen Kurven aus jeweils unimprägnierter Ware und mehreren, ungleich gut imprägnierten Abschnitten desselben Stückes lassen sich zweifellos aufstellen. Sie sind jedoch nur von theoretischem Interesse, da ganz allgemein verlangt wird, Waren verschiedener Herstellung zu begutachten und mit gleichzeitig vorgelegten oder früher geprüften Proben zu vergleichen. Dieser Weg kommt nur für Laboratorien in Frage, die mit ihrer Prüfanordnung stets dieselben Artikel auf gleichbleibende Güte kontrollieren und dabei das Ergebnis mit einem Normverfahren vergleichen wollen. Für alle anderen Fälle muß versucht werden, eine für alle Gewebe gleiche Umrechnungsformel zu finden.

Wenn diese Umrechnung auf einfache Weise durch Multiplikation mit einem Faktor möglich sein sollte, müßten bei der graphischen Darstellung die in bestimmter

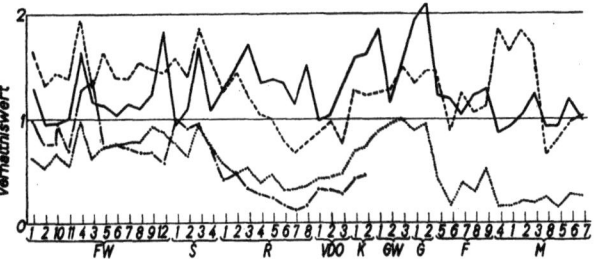

Bild 47. „Wasserdicht"- und „Wasserabweisend"-Prüfung Wasseraufnahme beim
— · — · — Muldenversuch (2 Liter-Mulde)
- - - - - - Eßlinger Tauchverfahren (Tauchdauer 2 min)
· · · · · · · · · · Tauchverfahren nach Becker (Tauch- und Schleuderdauer 60 s)
————— Beregnungsverfahren nach Bundesmann (Beregnungsdauer 10 min)
bezogen auf das Beregnungsverfahren des Amtes (Beregnungsdauer 30 min) = 1

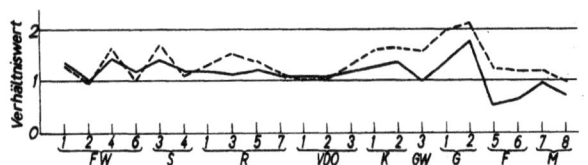

————— Beregnungsverfahren nach Bundesmann, Beregnungsdauer 10 min,
- - - - - Beregnungsverfahren nach Franz-Henning, Beregnungsdauer 30 min,
bezogen auf das Beregnungsverfahren des Amtes, (Beregnungsdauer 30 min =) 1

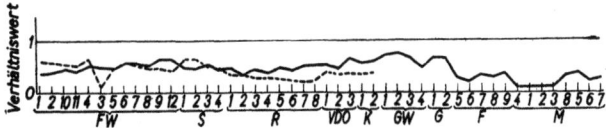

————— Tauchverfahren nach Becker, Tauch- und Schleuderdauer 60 s,
- - - - - Muldenprobe, 2 Liter-Mulde,
bezogen auf das Eßlinger Tauchverfahren, Tauchdauer 120 s = 1
Bild 48. „Wasserdicht"- und „Wasserabweisend"-Prüfung. Verhältniswerte der Wasseraufnahme

Reihenfolge aufgetragenen Wasseraufnahme-Werte etwa parallele Kurven ergeben. Für die Darstellung dieser Vergleichskurven erwiesen sich die Wasseraufnahme-Werte selbst als ungeeignet, weil die großen Unterschiede zwischen unimprägnierten und imprägnierten Stoffen die Anwendung eines sehr kleinen Abbildungsmaßstabes erfordert hätten. Die Werte wurden daher auf die beim Amtsverfahren (30 min Beregnung) ermittelten Zahlen = 1 bezogen. Wenn die erwartete einfache Beziehung zwischen den Prüfergebnissen vorhanden wäre, müßten mehr oder weniger parallel zur Abszisse verlaufende Kurven entstehen (Bild 47). Schon ein flüchtiger Überblick zeigt, daß die erhoffte Beziehung für die Wasseraufnahme beim Muldenversuch, Eßlinger Tauchversuch, Tauchverfahren nach Becker und Beregnungsverfahren nach Bundesmann nicht vorhanden ist. Die Kurve der nach dem Beregnungsverfahren von Franz und Henning geprüften Stoffe ist in dieser Kurvenschar nicht enthalten, da nicht alle vorhandenen Gewebe und Gewirke nach diesem Verfahren untersucht worden sind; hierdurch hätten sich sehr störende Lücken ergeben. Diese Zahlen sind daher in Bild 48 (oberes Kurvenblatt) mit den entsprechenden Werten der Beregnungsverfahren nach Bundesmann und des Amtes vereinigt. Darunter ist versucht worden, die Tauchverfahren und die Muldenprobe, deren Kurven in Bild 48 etwa parallel zu gehen scheinen, untereinander zu vergleichen. Hierbei zeigt sich, daß zwar in weiten Gebieten das Verhältnis der beim Eßlinger Tauchverfahren aufgenommenen

38 Beispiele für die Gebrauchswertprüfung von Imprägnierungen

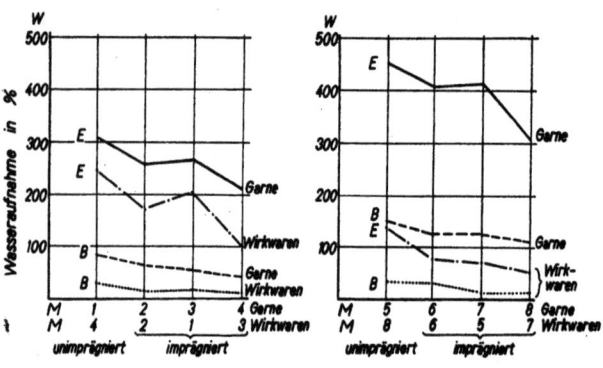

Bild 49. Tauchversuch. Wasseraufnahme bei Garnen und daraus gefertigten Wirkwaren
E = Eßlinger Tauchverfahren, Tauchdauer 120 s.
B = Tauchverfahren nach Becker, Tauch- und Schleuderdauer 60 s

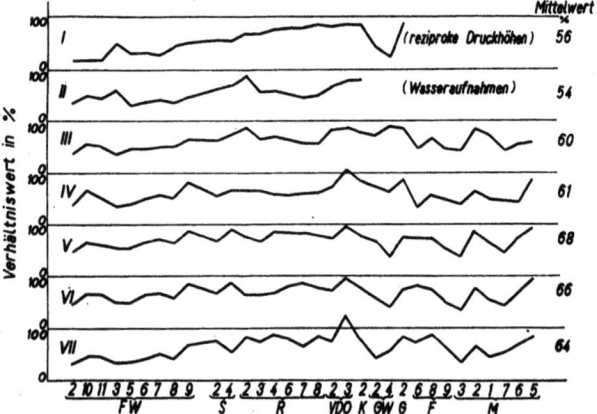

Bild 50. „Wasserdicht"- und „Wasserabweisend"-Prüfung. Verhältnis der Wasseraufnahme imprägnierter und unimprägnierter Stoffe (unimprägnierter Stoff = 100)
I Wasserdruckversuch,
II Muldenversuch 10 cm-Mulde,
III Eßlinger Tauchverfahren, Tauchdauer 120 s,
IV Tauchverfahren nach Becker, Tauch- und Schleuderdauer 60 s,
V Amtsverfahren, Beregnungsdauer 30 min,
VI Amtsverfahren, Beregnungsdauer 10 min,
VII Beregnungsverfahren nach Bundesmann, Beregnungsdauer 10 min

Wassermenge zum Becker-Verfahren und zur Muldenprobe etwa 1 : 0,5 ist, doch fallen nicht nur einzelne Werte, sondern ganze Wertegruppen, wie z. B. die Wirkwaren, völlig heraus, so daß auf diese einfache Weise eine Umrechnung nicht möglich ist.

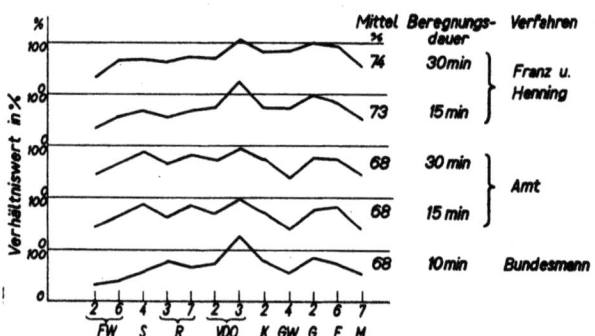

Bild 51. Beregnungsversuch. Verhältnis der Wasseraufnahme imprägnierter und unimprägnierter Stoffe (unimprägnierter Stoff = 100)

In diesem Zusammenhang kann noch darauf hingewiesen werden, daß zwischen der Wasseraufnahme bei der Prüfung von Garnen und den daraus hergestellten Wirkwaren auch bei demselben Prüfverfahren keine umrechenbaren Werte erhalten werden (Bild 49).

Schließlich wurde noch versucht, ein gemeinsames Maß wenigstens für die Beurteilung der Imprägnierungsgüte nach sämtlichen „Wasserabweisend"-Prüfverfahren in den Verhältniszahlen der Wasseraufnahme unimprägnierter zu imprägnierter Ware zu finden. Indem jeweils die von der Rohware aufgenommene Wassermenge = 100 gesetzt wurde, ergaben sich die in den Bildern 50 und 51 wiedergegebenen Kurven, die zwar in einzelnen Teilen auch große Ähnlichkeiten untereinander aufweisen, deren Abweichungen vom parallelen Verlauf jedoch eine einwandfreie Beurteilung nach diesem Verfahren nicht zulassen.

V. BEISPIELE FÜR DIE GEBRAUCHSWERT-PRÜFUNG VON IMPRÄGNIERUNGEN

Im Anschluß an die Untersuchung der Prüfverfahren auf Wasserdichtheit und wasserabweisende Eigenschaften sollen im folgenden noch einige Beispiele für die Untersuchung von imprägnierten Stoffen auf Gebrauchswert, wie sie im Amt für Entwicklungsarbeiten angewendet wird, mitgeteilt werden.

Für die Beurteilung des Gebrauchswertes ist außer der Prüfung im Anlieferungszustand eine weitere nach solchen Beanspruchungen erforderlich, wie sie bei der zu prüfenden Ware im praktischen Gebrauch auftreten. Bei wasserdichten Geweben spielt neben mechanischen Beanspruchungen, wie z. B. Kniffen, Falten, Scheuern, die zu einer Lockerung des Gewebegefüges führen, auch die Auslaugung der Imprägnierung durch Wasser eine Rolle. Segeltuche, Zeltbahnstoffe u. dgl. werden daher zweckmäßig für die zusätzliche Prüfung entweder ein bis drei Tage in Wasser gelegt oder mehrmals eine halbe Stunde bebraust und wieder an der Luft getrocknet. Zur Nachahmung der mechanischen Beanspruchung genügt ein mehrmaliges Kniffen der Probe vor der Prüfung auf Wasserdichtheit. Das Kniffen wird in der Weise vorgenommen, daß die zugeschnittene Probe in Längs- und Querrichtung an je drei Stellen nach beiden Seiten gefaltet und die Falten unter mäßigem Druck mehrmals festgestrichen werden (Bild 52).

Aufnahme: Staatliches Materialprüfungsamt, Berlin-Dahlem.
Bild 52. Gekniffte Probe für den Wasserdruckversuch. (Gebrauchswert-Prüfung.)

In Zahlentafel 49 sind als Beispiel einige Versuchsergebnisse für derartige Gebrauchswertprüfungen angeführt:

Zahlentafel 49
Gebrauchswert-Prüfung: Einfluß des Kniffens und Beregnens auf die Wasserdruckhöhe beim Wasserdruckversuch

Probematerial	Wasserdruckhöhe beim Durchdringen des 3.—4. Tropfens		
	im Anlieferungszustand cm	nach 5 × Bebrausen und Wiedertrocknen cm	nach 6 × Bebrausen und Kniffen cm
Mako-Zeltbahnstoff	60	48	43
Zeltbahnstoff . . .	45	31	26
Baumwoll-Segeltuch	31	30	25

Diese, der wirklichen Beanspruchung einigermaßen nahekommenden Vorbehandlungen können insbesondere für Segeltuche und Wagenplanen durch ihre rasche Ausführbarkeit wichtig sein.

Bei imprägnierten Kleidungsstoffen kommen, ihrem Verwendungszweck entsprechend, wesentlich andere Beanspruchungen für die Beurteilung ihrer Bewährung im Gebrauch in Frage. Für diese porös-wasserabweisenden Gewebe haben sich im Amt folgende Versuchsreihen als zweckmäßig erwiesen:

Prüfung von Versuchsstoffen
1. im Anlieferungszustand,
2. nach ein- und mehrmaliger Wäsche,
3. nach ein- und mehrmaliger chem. Reinigung,
4. nach einer Bewetterung, vorteilhaft in mehreren Stufen,
5. nach einer Bewetterung mit zwischengeschalteter Wäsche bzw. chem. Reinigung.

Die bei diesen Versuchsreihen anzuwendenden Behandlungen sind etwa folgende: Für die Wäsche von Oberbekleidungsstoffen kommt ein Kochen im allgemeinen nicht in Frage; die Probe wird daher nur 15 min lang in 35° warmer Seifenlösung (3 g/l Seifenflocken in dest. Wasser) gewaschen und mit warmem und kaltem dest. Wasser sehr gründlich gespült. Nach dem Trocknen an der Luft werden schließlich die Proben leicht gebügelt und vor der Beregnung in üblicher Weise bei 65% rel. Luftfeuchtigkeit ausgelegt.

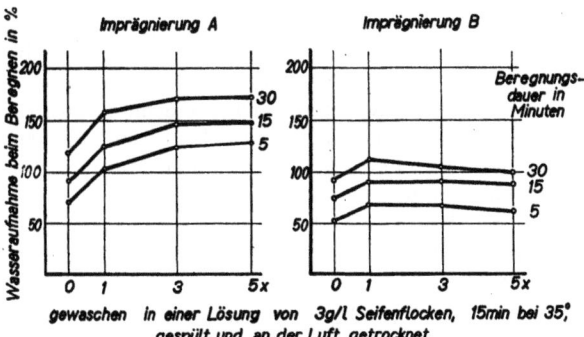

Bild 53. Prüfung zweier Imprägnierungen auf Waschbeständigkeit

Zur chemischen Reinigung wird die Probe in Tetrachlorkohlenstoff (Asordin) oder Trichloräthylen eingeweicht, anschließend ausgeschleudert und gebügelt.

Die Bewetterung der Proben erfolgt zweckmäßig auf dem Dach oder in schattenfreiem Gelände und zwar frei aufgespannt auf Gestellen, die unter 45° geneigt nach Süden gerichtet sind. Gleichzeitig wird die einwirkende Lichtmenge, die sich bei Bewetterungsversuchen als wesentlicher Faktor erwiesen hat, gemessen und der Bewertung zugrunde gelegt.

Ergebnisse derartiger Untersuchungen sind in den Bildern 53, 54 und 55 dargestellt. Erfahrungsgemäß wirkt sich auf die Beständigkeit der Imprägnierung am meisten die Waschbehandlung aus, nur in seltenen Fällen ist die hierdurch bedingte Verschlechterung der wasserabweisenden Eigenschaften unwesentlich. Etwas weniger wirksam ist die chemische Reinigung. Bei den Bewetterungsver-

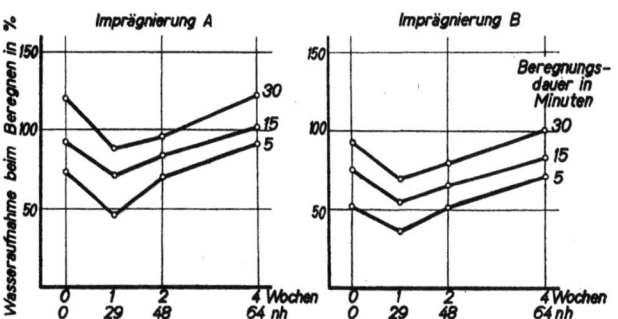

Bild 54. Prüfung zweier Imprägnierungen auf Wetterechtheit
Die Bewetterung fand im September/Oktober statt, mittlere Tagestemperatur: 22—12°, Niederschläge gering

suchen wird dagegen zunächst oft eine auffällige Besserung der Wasserabweisung beobachtet, die erst im Verlauf einer längeren Versuchsdauer in das Gegenteil umschlägt.

Derartige umfangreiche Prüfungen eignen sich naturgemäß infolge ihrer Langwierigkeit nicht für die laufende Kontrolle einer Imprägnieranstalt, sie sind in diesem

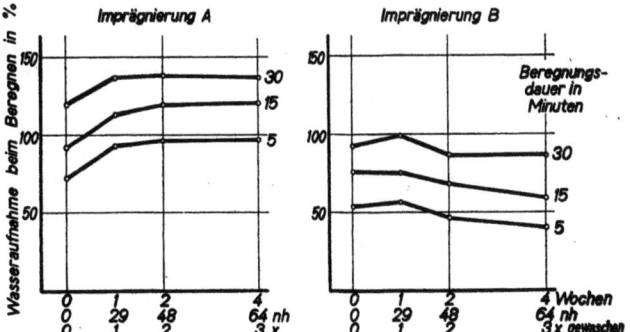

Bild 55. Prüfung zweier Imprägnierungen auf Gebrauchswert
Bewetterung: September/Oktober, Tagestemperaturen 12—22°, Niederschläge gering
Waschbehandlung: 15 min bei 35° in einer Lösng von 3 g/l Seifenflocken

Fall auch nicht erforderlich, da hierbei die Art des zu imprägnierenden Materials und das Imprägnierverfahren stets dieselben bleiben. Sie sind jedoch immer dann angebracht, wenn neue Stoffe oder insbesondere neue, verbesserte Imprägnierungsverfahren auf Gebrauchstüchtigkeit eingehend untersucht werden sollen.

VI. NORMVORSCHLAG FÜR DIE PRÜFUNG AUF WASSERDICHTIGKEIT UND WASSERABWEISENDE EIGENSCHAFTEN VON TEXTILIEN

Die vorangegangenen vergleichenden Untersuchungen mit den wichtigsten bekannten Prüfverfahren haben gezeigt, daß sich ein gemeinsames Normverfahren für die Untersuchung der „Wasserdicht"- und „Wasserabweisend"-Eigenschaften nicht finden läßt. Dem Verwendungszweck entsprechend müssen vielmehr wasserdichte Stoffe in anderer Weise geprüft und bewertet werden als wasserabweisend imprägnierte Gewebe, Gewirke und Garne. Als Normverfahren kommen also mindestens zwei Prüfverfahren in Frage, die folgenden allgemeinen Bedingungen genügen müssen:

Einwandfrei und an allen Prüfstellen in gleicher Weise herstellbare Prüfanordnungen.

Von subjektiven Einflüssen weitgehend freie Vorbereitung der Proben und Versuchsausführung; beide sind nach meßbaren Größen genau festzulegen.

Darstellung der Versuchsergebnisse durch einen zahlenmäßigen Ausdruck.

Gute Reproduzierbarkeit, d. i. möglichst geringe durch das Prüfverfahren bedingte Streuung.

Diesen Anforderungen genügen am besten:

für die „Wasserdicht"-Prüfung: der Wasserdruckversuch,

für die „Wasserabweisend"-Prüfung: das Beregnungsverfahren.

Bei der Festlegung der Versuchsbedingungen muß in allen Fällen darauf Rücksicht genommen werden, daß den Benutzern der Geräte der Selbstbau möglich ist und nicht einem patentierten Apparat ein Monopol eingeräumt wird.

Für diese Prüfverfahren sind aus den Versuchsergebnissen folgende Vorschläge für die Prüfnorm abgeleitet worden:

A. „Wasserdicht"-Prüfung (Wasserdruckversuch)

Der Wasserdruckversuch wird mit einem Wasserdruckprüfer ausgeführt, der aus einer kreisförmigen Einspannvorrichtung mit 100 cm² Prüffläche und einem durch Gummischlauch damit verbundenen Niveaugefäß besteht, das durch eine Antriebvorrichtung gehoben und gesenkt werden kann. Zur Prüfung wird destilliertes Wasser von etwa 20° verwendet.

Die an verschiedenen Stellen der Stoffbahn entnommenen runden Stoffscheiben von 13,5 cm Durchmesser werden nach dem Ausliegen bei 65 % relativer Luftfeuchtigkeit in die Einspannvorrichtung des Wasserdruck-Prüfers eingespannt. Beim Einspannen ist darauf zu achten, daß die Stoffscheiben auf die mit Hilfe des Niveaugefäßes bis zur Höhe des Einspannringes gehobene Wasseroberfläche so vorsichtig gelegt werden, daß sich zwischen Wasser und Stoff keine Luftblasen bilden. Die Befestigung der Stoffscheiben erfolgt mit Dichtungsringen und Überwurfmuttern und zwar so, daß ein seitliches Durchtreten von Wasser verhindert wird. Nötigenfalls kann die Abdichtung durch Eintauchen des Stoffscheibenrandes in geschmolzenes Wachs oder Paraffin verbessert werden.

Durch Heben des Wassergefäßes mit gleichbleibender Geschwindigkeit von 100 mm/min werden die Stoffscheiben dem Wasserdruck solange ausgesetzt, bis die ersten Tropfen durch das Gewebe dringen. Als Maß der Wasserdichtigkeit gilt die Wassersäulenhöhe in cm beim Durchdringen des 3. und 4. Tropfens. Einzelne, am Rande oder an offensichtlichen Gewebefehlern durchtretende Wassertropfen bleiben unberücksichtigt.

Es sind mindestens fünf Versuche auszuführen und das arithmetische Mittel auf 1 cm genau anzugeben.

Zur Bewertung der Gebrauchstüchtigkeit einer Imprägnierung kann der Versuch wiederholt werden

1. nach 24 stündigem Einlegen in destilliertes Wasser, Wiedertrocknen an der Luft und Auslegen bei 65 % rel. Luftfeuchtigkeit,
2. nach je dreimaligem Kniffen in beiden Fadenrichtungen, indem der Stoff jeweils nach beiden Seiten gefaltet und die Falten unter mäßigem Druck mehrmals festgestrichen werden.

B. „Wasserabweisend"-Prüfung (Beregnungsverfahren)

Die Versuchsanordnung besteht aus einer Tropfbrause und einer Einspannvorrichtung für die zu beregnenden Proben.

Die Tropfbrause hat an ihrer Unterseite auf einem Quadrat von 30 cm Kantenlänge 361 Tropfdüsen aus Glas, mit einer Bohrung von 0,1 mm und einer runden Abtropffläche von 4 mm Durchmesser; dies entspricht einer Tropfengröße von rd. 0,07 cm³. Die Tropfgeschwindigkeit wird durch einen Überlauf-Wasserdruckregler auf einen Tropfen je Sekunde und Düse eingestellt. Die Fallhöhe beträgt 2 m. Zur Prüfung wird Leitungswasser von etwa 15° verwendet.

Vor Versuchsbeginn ist nachzuprüfen, ob keine Düse verstopft ist und die sich aus den obigen Angaben ergebende Regenmenge von 1,5 l/min erreicht wird. Anderenfalls ist durch Reinigen der Düsen mit Chromschwefelsäure, notfalls durch Auswechseln der Düsen, die vorgeschriebene Regenmenge wieder zu erreichen.

Die Einspannvorrichtung[1] besteht aus einem Rahmen mit einer freien Prüffläche von 28 × 38 cm, dessen längere Seiten unter 45° gegen die Waagerechte geneigt sind.

Das in einer Größe von 34 cm (Schußrichtung) und 44 cm (Kettrichtung) zugeschnittene Stoffmuster wird mit leichter Spannung auf die Einspannvorrichtung gelegt und mit einem Rahmen festgeschraubt, der am unteren Rand so ausgebildet ist, daß das Wasser restlos ablaufen kann. Gewebe mit Strichausrüstung sind so aufzuspannen, daß die Strichrichtung nach unten weist. Besonders dehnbare Stoffe werden dabei zur Verhinderung des Durchhängens auf ein weitmaschiges (5 cm) Drahtnetz aus feinem Bronzedraht (0,1 mm) aufgelegt.

Das vorher bei 65 % rel. Luftfeuchtigkeit ausgelegte und auf 0,1 g genau gewogene Stoffmuster wird nacheinander 5, 10 und 15 min lang beregnet, nach jeder Beregnung 3 min in Kettrichtung aufgehängt und — nach dem Abtupfen der anhängenden Wassertropfen mit Fließpapier — gewogen.

Aus den nach einer Gesamtberegnungsdauer von 5, 15 und 30 min ermittelten Gewichtsdifferenzen gegenüber der Einwaage wird die aufgenommene Wassermenge in % des Gewichtes der beregneten Fläche berechnet. Das Gewicht der beregneten Fläche berechnet sich aus dem Gewicht der zugeschnittenen Probe durch Multiplikation mit dem Faktor 0,636.

Für die Bewertung der Gebrauchstüchtigkeit einer „wasserabweisend"-Imprägnierung kann der Beregnungsversuch wiederholt werden

1. nach 1, 3 und 5 maliger Wäsche,
2. nach 1, 3 und 5 maligem Chemisch-Reinigen,
3. nach einer Bewetterung in Stufen von etwa 20, 40 und 60 Normalbleichstunden.

Waschbehandlung: Die Proben werden 15 min lang in 35° warmer Seifenlösung von 3 g/l Seifenflocken in destilliertem Wasser leicht bewegt, mit warmem und kaltem destilliertem Wasser sehr gründlich gespült, an der Luft getrocknet, gebügelt und bei 65 % rel. Luftfeuchtigkeit ausgelegt.

Chemisch-Reinigen: Die Proben werden in Tetrachlorkohlenstoff oder Trichloräthylen 30 min lang leicht

---

[1] Über Versuche mit einer verbesserten Einspannvorrichtung, die auch die Regelung der Vorspannung gestattet, wird noch berichtet werden.

bewegt, anschließend ausgeschleudert, gebügelt und bei 65% rel. Luftfeuchtigkeit ausgelegt.

Bewetterung: Die Proben werden in schattenfreiem Gelände auf unter 45° geneigten und nach Süden gerichteten Gestellen frei aufgespannt. Die wirksame Lichtmenge wird in Normalbleichstunden mit Hilfe von Viktoriablaupapier und dem dazu gehörigen Bleichmaßstab bestimmt.

Anhang[2]: Kurzprüfung (Tauchverfahren)

Die Versuchsanordnung besteht aus einem mit destilliertem Wasser von 20° gefüllten Wasserbehälter und einer Aufhängevorrichtung für die Proben, die mit Hilfe einer über Rollen laufenden Schnur gehoben und herabgelassen werden kann.

Die 5×15 cm großen Proben werden nach dem Auslegen bei 65% rel. Luftfeuchtigkeit auf 0,01 g genau gewogen und zu zweit an der Aufhängevorrichtung mit der Schmalseite befestigt. Die untere Schmalseite wird mit zwei Anhängegewichten von je etwa 1/50 des Quadratgewichtes belastet. Bei der Prüfung von Garnen werden kleine Strängchen von etwa 15 cm Länge und etwa 2—4 g Gewicht verwendet, die beim Eintauchen etwa mit ihrem 10fachen Gewicht belastet werden. Durch Senken der Aufhängevorrichtung werden die Proben mit der oberen Kante 1 cm tief unter Wasser gebracht, wobei zur Beschleunigung des Netzens ein zweimaliges rasches Herausheben und Wiedereinsenken erfolgt.

Die Tauchdauer beträgt nacheinander 10, 20 und 30 s. Nach jedem Tauchen werden die Proben herausgehoben, das anhängende Wasser durch dreimaliges Fallenlassen eines an der Aufhängevorrichtung mit einem 10 cm langen Faden befestigten 50 g-Gewichtes abgespritzt und die Muster zurückgewogen. Um Fehler durch einzelne herabfallende Wassertropfen zu vermeiden, werden sofort nach dem Abspritzen zwei Wägegläser unter die Proben gestellt, in denen die Muster später zurückgewogen werden.

Die Wasseraufnahme nach 10, 30 und 60 s Gesamt-Tauchdauer wird in % der Einwaage angegeben.

Zur Bewertung der Gebrauchstüchtigkeit kann eine Wiederholung nach den beim Beregnungsversuch angegebenen Beanspruchungen vorgenommen werden.

---

[2] Das Tauchverfahren kann nicht als Normverfahren vorgeschlagen werden. Die im folgenden wiedergegebenen Richtlinien stellen lediglich eine Empfehlung einheitlicher Versuchsbedingungen bei der Anwendung des Tauchverfahrens für betriebsmäßige Kontrollprüfungen dar.

Literaturverzeichnis

Adam, E. und P. Krais: Über die Bestimmung der Wasseraufnahme von Textilwaren. Leipzig. Mschr. Textil-Ind. Bd. 52 (1937) S. 85.

Becker, B.: Prüfung zur Bestimmung der Wasseraufnahmefähigkeit von Textilien. Z. ges. Textil-Ind. Bd. 38 (1935) S. 235.

Buchheim, R.: Wasserdichtimprägnieren von Textilerzeugnissen. Wittenberg: A. Ziemsen 1935.

Bundesmann, H.: Eine neue Apparatur zur Gebrauchswertprüfung wasserabstoßend imprägnierter Textilien. Melliand Textilber. Bd. 16 (1935) S. 35, 128, 211, 331, 663, 792.

— Bemerkung zur Arbeit von Franz und Henning: Über einen neuartigen Beregnungsprüfer zur Ermittlung der Wasseraufnahmefähigkeit und Wasserdurchlässigkeit von Textilien. Melliand Textilber. Bd. 18 (1937) S. 169.

Durst, G.: Zur Bestimmung der Wasserdichtheit von Geweben. Melliand Textilber. Bd. 5 (1924) S. 473.

Franz, E. und H. J. Henning: Über einen neuartigen Beregnungsprüfer. Melliand Textilber. Bd. 17 (1936) S. 926.

Heermann, P. und A. Herzog: Mikroskopische und mechanisch-technische Textiluntersuchungen, 3. Aufl. S. 413 ff. Berlin: Julius Springer 1931.

Hennig, Th.: Ein Beitrag zur Messung der Imprägnierung. Melliand Textilber. Bd. 20 (1939) S. 87.

Henning, H. J.: Hygienische Eigenschaften von Textilien, ihre Bewertung und Veränderung durch Beimischung von Zellwolle zu anderen Grundstoffen. Mschr. Seide u. Kunstseide Bd. 41 (1936) S. 357.

Herzog, G.: Über die Prüfung der Luftdurchlässigkeit von Geweben. Z. ges. Textil-Ind. Bd. 15 (1912) S. 377.

Kern, R.: Über neuartige Untersuchungen und Ergebnisse auf dem Gebiet der Wasserdicht-Imprägnierung. Melliand Textilber. Bd. 14 (1933) S. 129.

Klingsöhr, H.: Mischgewebe und ihr Verhalten gegen Feuchtigkeit. Melliand Textilber. Bd. 16 (1935) S. 33.

Krais, P. und R. Buchheim: Studie über Wasserdicht-Verfahren für Kleiderstoffe. Leipzig. Mschr. Textil-Ind. Bd. 46 (1931) S. 249.

Mecheels, O.: Über die wasserabstoßende Imprägnierung von Geweben. Melliand Textilber. Bd. 15 (1934) S. 20.

— Luftdurchlässigkeit porös-wasserdicht imprägnierter Gewebe. Melliand Textilber. Bd. 17 (1936) S. 341.

Pearson, G.: Wasserdichtmachen von Textilien, übers. von P. Krais. Dresden: Th. Steinkopff 1928.

Peper, J. P. und A. ten Bruggencate: Die Bestimmung der Wasser- und Regendichtheit von Geweben nach dem Verfahren von Veitch und Jarrel. Melliand Textilber. Bd. 18 (1937) S. 630, 737.

Sommer, H.: Grundlagen der Normung der Textilprüfverfahren. Melliand Textilber. Bd. 18 (1937) S. 206, 284, 350.

— Hygienische Eigenschaften von Tuchen. Kunstseide Bd. 20 (1938) S. 439.

Stenzinger, Th.: Systematik und Kritik der Prüfungsmethoden für wasserdichte bzw. wasserabstoßende Imprägnierung. Leipzig. Mschr. Textil-Ind. Bd. 50 (1935) Fachh. I. 15.

— Bemerkung zur Arbeit von Franz und Henning: Über einen neuartigen Beregnungsprüfer ... Melliand Textilber. Bd. 18 (1937) S. 168.

Wenzel, R. N.: Über die Benetzbarkeit von Textilien. Amer. Dyest. Rep. Bd. 25 (1936) S. 505.

Wosnessensky, P.: Das Penetrometer. Melliand Textilber. Bd. 5 (1924) S. 260, 322.

Zieger, E.: Prüfungsverfahren für wasserdichte Kleiderstoffe. Leipzig. Mschr. Textil-Ind. Bd. 46 (1931) S. 398.

Schopper Feinfaser-Festigkeitsprüfer

das bewährte Prüfgerät für

Zellwollfasern

und andere Fasern

★

Wir bauen außerdem alle

Textilprüfgeräte

in bekannter Präzisionsausführung.

★

Ausführliche Druckschriften stellen wir auf Wunsch gern zur Verfügung.

Louis Schopper, Leipzig S 3/47

Fabrik für Werkstoffprüfmaschinen und wissenschaftliche Apparate

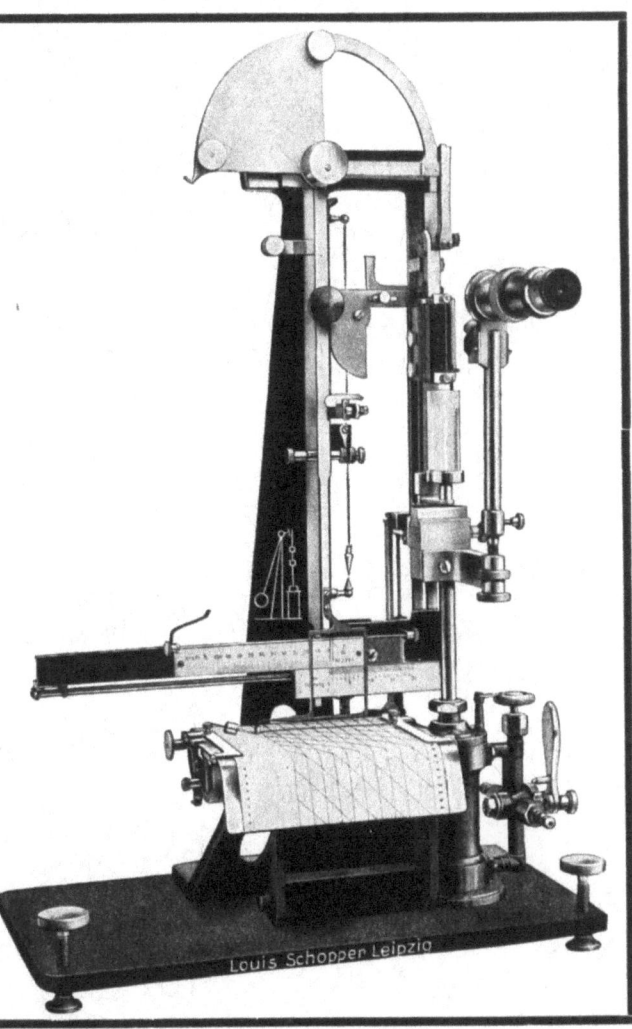

Das Färben und Bleichen der Textilfasern in Apparaten

Von

Paul Weyrich

Mit 153 Abbildungen im Text. VIII, 347 Seiten. 1937. RM 27.—; gebunden RM 28.80

Inhaltsübersicht:

I. Geschichtlicher Überblick der Entwicklung der Apparatefärberei. **II.** Das Wasser in der Apparatefärberei. **III.** Die Werkstoffe für Färbe- und Bleich-Apparate. **IV.** Das Bleichen in Apparaten. **V.** Die Färbe-Apparate. **VI.** Das Färben der Textilfasern. Sachverzeichnis.

Betriebseinrichtungen und Betriebsüberwachung in der Textilveredlung

Von

Professor Dr.-Ing. **Otto Mecheels**

Direktor d. M.-Gladbach-Rheydter Textilindustrie (Höhere Fachschule für Textilindustrie, Deutsches Forschungsinstitut für Textilindustrie, Öffentliches Warenprüfungsamt für das Textilgewerbe)

Mit 67 Abbildungen. VI, 122 Seiten. 1937. RM 13.80

Inhaltsübersicht:

Vorwort. **I.** Betriebsgebäude und ihre Erhaltung. **II.** Betriebswasser und Abwässer. **III.** Heizung, Dampfwirtschaft, Entnebelung. **IV.** Baustoffe für Veredlungsmaschinen. **V.** Instrumente zur Betriebsüberwachung. **VI.** Einrichtungen im Zuge der Betriebsorganisation. **VII.** Über die Abschreibung in Veredlungsbetrieben. Sachverzeichnis.

VERLAG VON JULIUS SPRINGER IN BERLIN

If you have any concerns about our products,
you can contact us on
ProductSafety@springernature.com

In case Publisher is established outside the EU,
the EU authorized representative is:
Springer Nature Customer Service Center GmbH
Europaplatz 3, 69115 Heidelberg, Germany

Printed by Libri Plureos GmbH
in Hamburg, Germany